U0079765

茶風系列

FORMOSA TEA

名山靈芽 武夷岩茶

【葉啟桐、葉懸冰◎著】

大紅袍

白雞冠

鐵羅漢

水金龜

【本書主編、編委】

主編　葉啟桐（農藝師，高級評茶師，首批國家級非物質文化遺產武夷岩茶製作技藝傳承人）

編委（按姓氏筆畫為序）

馬梅榮（武夷山市茶葉局，農藝師）

葉如玉（武夷山市物價局，評茶師）

葉蒼蒼（武夷山市東溪水庫管理處，評茶師）

劉國英（武夷山市茶葉同業公會會長，高級農藝師）

劉寶順（武夷山市茶葉局，農藝師、國家高級評茶師）

陳澤財（武夷山市茶葉局局長）

修　明（武夷山市茶葉局，國家高級評茶師）

卷首語（一）

茶緣

葉啟桐

世間的任何事情都講一個緣分，人與人，人與事，莫不如此。

現在想來，我與武夷岩茶也算有緣，和茶打交道的歲月也已經歷了近半個世紀。我的父親葉先順於1953年從福安調到崇安茶場（今武夷山市茶場）工作，到1984年退休，他的一生隨著武夷岩茶的命運起起落落。因為父親的關係，我也於上世紀五十年代隨家人來到武夷山。六十年代初，我從農校畢業之後，回到崇安茶場當了一名工人，幾十年過去了，我從這裡起步，開始認識武夷岩茶，直到如今。

武夷山素以山水奇秀聞名，山中所產的岩茶又為茶中奇品。自宋以來，為朝野人士所賞識，歷朝列為珍貢，再加上文人雅士的宣傳，被人譽為名山之靈芽，馳名天下。識者常常不遠萬里，一擲千金，收為居家珍品。全盛時期年產可達五六十萬斤。

武夷岩茶經歷過最初的默默無聞，經歷過貴為貢品的輝煌，也經歷過一蹶不振的艱難，在它的身上，我們能夠清晰地看到不同時代的社會、經濟，甚至審美趣味的變遷。

中國是茶的故鄉。從傳說中的神農氏嚐百草而識茶開始，茶就加入了中國人的生活。這種加入，包括實用和精神兩個層面。中國人的生活，離不開「柴米油鹽醬醋茶」，茶可以解渴、可以防病、可強身、可健體，這是茶在實用層面上的意義。另一方面，茶的身上體現的精行儉德，其對情操的陶冶，又代表了我們高雅樸實的民族風範。武夷岩茶生長於碧水丹山之間，默默汲取著大自然賦予的靈氣，歷經千年的風雨，奉獻給世人神奇的岩韻，對它的欣賞，體現了我們中國人對「琴棋書畫詩酒花」的詩意人生的追求。

就我而言，從少年而至老年，與武夷岩茶相伴一生，因為喜愛，所以關注她的方方面面，久而久之，也有了一些自己的想法，所以想把這些記錄下來，與更多喜歡武夷山、喜歡茶的朋友分享。

這本小冊子想要介紹給大家的，包括武夷茶的歷史與變遷、武夷茶特殊的岩韻及其形成的原因、武夷茶獨特的採製技術、武夷茶的品飲藝術、武夷茶與健康之關係、武夷茶的包裝貯運及選購事宜等。另外，因為深感於人們對正山小種紅茶的不了解，特意專闢一個章節，介紹它的生產、採製以及傳播的情況，希望讓更多的人來瞭解這鮮為人知的世界紅茶鼻祖的過去和現在，展望它的未來。

此外，做為一個具有一千多年發展歷史的事物，圍繞武夷茶必定會衍生出紛繁的文化景觀，所以，本書還收錄了與武夷茶相關的傳說、茶區風光、古老的製茶習俗、古老的茶市、茶具等遺跡，當然還包括歷代文人歌詠武夷茶的詩文等等，力圖呈現給讀者一個全方位的武夷岩茶。風雅茶韻與浪漫武夷是密不可分的，武夷岩茶一頭與自然相接，一頭與文化相連，是很有文化、很有內涵的，而武夷岩茶也只有保持與這兩個源頭的血肉聯繫，才能獲得永不枯竭的生命。

近日讀到連橫先生的《茗談》一文，文中寫著：「余性嗜茶而遠酒，以茶可養神而酒能亂性。飯後睡餘，非此不怡，大有上奏天帝庭，摘去酒星換茶星之概。瓶花欲放，爐篆未消，臥聽瓶笙，悠然幽遠。自非雅人，誰能領此？」

看來，不論世事如何變遷，人們對美好事物的欣賞總是不變的。希望能有越來越多的人喜愛武夷岩茶。

卷首語（二）

品茶，回到安靜的自己

葉懸冰

茶，是世界上最樸素的植物。

品茶，則是世上最淡泊的美事。

已經不記得自己是在什麼時候喝了第一杯茶。但這似乎已不重要，重要的是至今我依然戀茶。

很幸運我能出生在武夷山，讓我的童年在一片片青山綠水中徜徉。小小的我，與水中的一條魚、茶樹上的一朵小白花、地裡的一片紫雲英、田埂上一棵彎彎的鼠曲草，甚至是遠遠吹來的一陣風，似乎沒有很大的區別。

更幸運的是，我還出生在一個茶香彌漫的家。煮水、洗杯、放茶、沖泡，然後，祖父、父親、哥哥和我，坐下，細細地聞，慢慢地品，然後，聽大家娓娓道來。

後來，慢慢長大了，知道了，品茶其實最需要淡泊的心情。因為茶是有靈性的，我們只有用一顆平淡的心才能解開她生命的密碼，感受她帶給我們的清歡。

武夷山，山水靈秀，而武夷岩茶就是山靈獻給人間的一種清供吧。

山裡的茶樹，每一片綠葉都呼吸過高山峽谷中的雲氣，聽過蟲鳥動聽的歌吟。她們看似簡單，卻又絕不簡單。春天來了，她們張開雙臂，在雨中沐浴，然後被一雙雙手採摘。在經歷了曬、揉、撚、烤之後，終於，她們靜靜地躺在杯中了。

一股滾燙的水高高地沖下，她們沒有驚叫，也沒有不平。在那些荒涼的崖壁上，時序的流轉間，她們經歷過風霜雪雨，也經歷過頂禮膜拜，那又如何？繁華落盡，唯有平淡。痛苦教會了她們隱忍，也讓她們看見宿命。

於是，她們努力在杯中慢慢綻放。因為她們知道這是她們生命中的重要時刻，在這之前是為這個時刻做準備，而之後的生命，就是為了回味這個時刻。

她們把雲的味道、薄霧的氣息、苔蘚地衣的滋養，還有桃花和蘭花的芬芳，一點一點地，氤氳到空氣裡。

她們是將自己的生命交付給有緣品嚐的人呢，而此刻，我們能做的，就是懷著一顆感恩和虔敬的心將嘴唇交給茶杯。

茶的一生就這樣結束了嗎？不，還沒有。把她們倒進注滿清水的白瓷碗中，那三紅七綠的葉依然靜靜地放出潤澤的光。而此時，一顆清明潔淨的茶心，也經由我們的身體，悄悄滲入我們的靈魂，生生不息地流傳下去。

茶就是這樣，從一個杯裡，每天都讓人看到一生，冷暖濃淡，唯有自知。

許多年過去了，如今的我，日日穿梭於都市喧囂的人群，行走在鋼筋水泥的叢林，很多時候感覺疲憊。在竹樹掩映下的小屋中品茗，幾乎成了一個遙不可及的夢想。

能做的，只是讓自己的每一個清晨從一杯茶開始。這杯帶著故園氣息的茶湯，能讓我一天氣定神閒。若是微雲小雨的天氣，種在客廳的小竹子含翠欲滴，爬滿陽臺的牽牛花開著紫色的花朵，此時，就是用一個缺了小口的藍花粗瓷杯泡上些許茶片，飲來，也是格外清甜。

小小的茶桌成一方淨土，可以放下一顆安靜的心。

「從來佳茗似佳人」，好茶如同好的女子，可以在慢慢的交流中品出她的妙處，感受她的氣息，進而從心底對她生出深深的眷戀。蘇東坡確是雅人一個，不但懂茶，更是懂人啊。但如今的女子，又有幾個願意將自己修練成「佳茗」呢？

其實，這也不那麼重要，重要的是：對我來說，在紛紛擾擾的塵世，在小小的安靜角落裡，能夠感覺到——做一棵茶是如此的幸福。

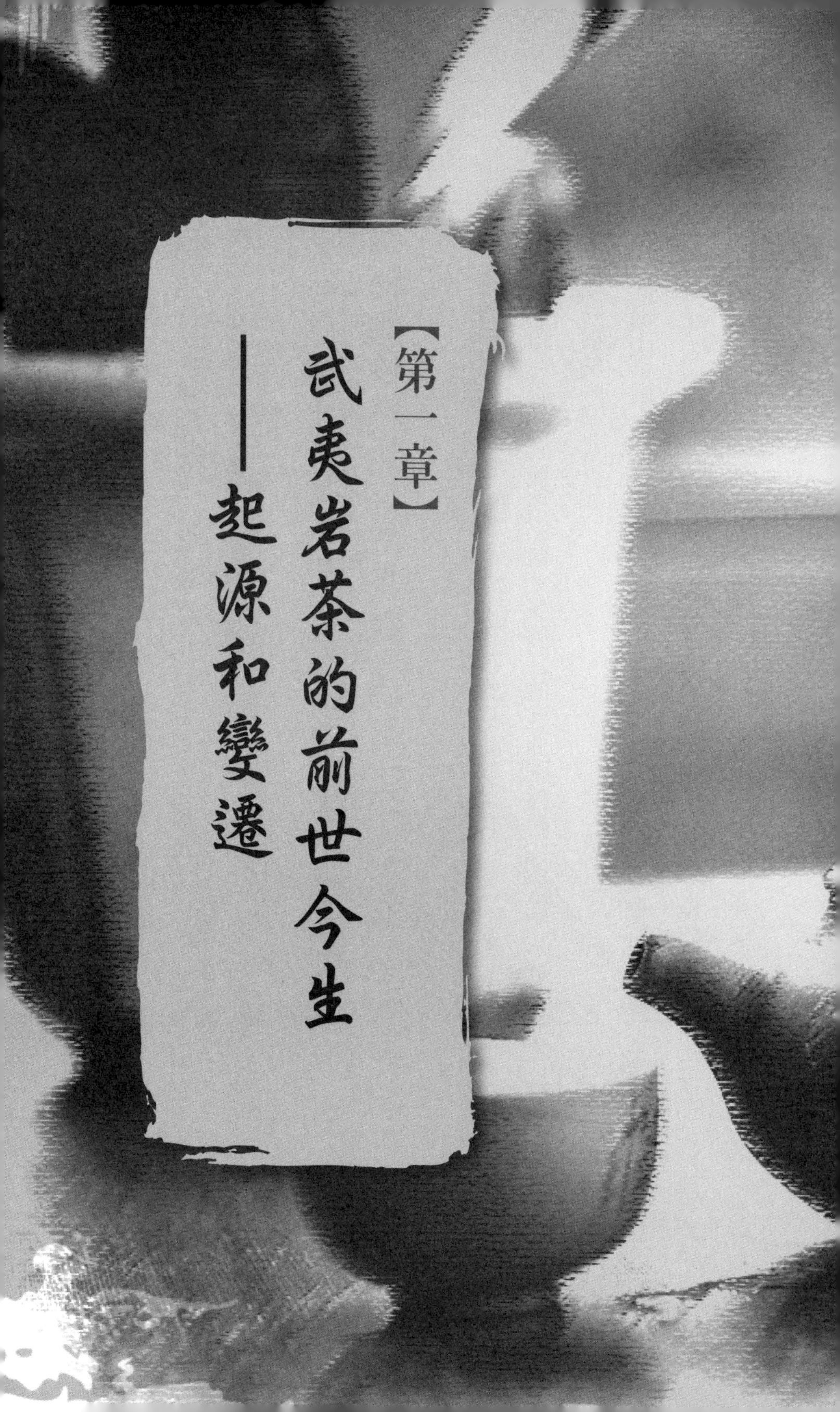

【第一章】武夷岩茶的前世今生

——起源和變遷

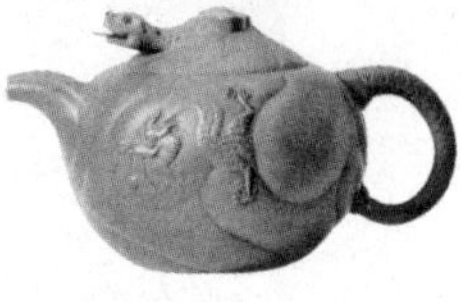

關於武夷岩茶的起源和變遷，至今也沒有什麼定論，因為立論的依據不詳且多為文學作品。所以我們也只能依據現有的材料，努力描畫出從武夷茶到武夷岩茶的發展軌跡，還原那條不是突變而是漸變的歷史。

獨特的自然和人文景觀

奇秀甲東南的武夷山風景區，位於武夷山脈北段的東南麓，是由紅色的砂礫岩組成的低山丘陵。發源於武夷山自然保護區的九曲溪盤繞山中約十九華里，山環水繞，構成了風景秀麗的「碧水丹山」。

武夷山是中國國家重點風景名勝區，1999年被聯合國教科文組織批准為世界自然和文化遺產。因地質、地貌的作用，武夷山在方圓一百二十里的範圍內，構成了奇幻百出的「三三」「六六」之勝，「三三」指的是盤繞山中的九曲溪，「六六」指的是夾岸森

奇秀甲東南的武夷山

列的三十六峰。

武夷山不僅具有黃山之奇、桂林之秀、西湖之俊，還兼有泰山之雄，無論春夏秋冬，陰晴朝暮，風雲雨雪，山川景色總是變幻莫測，秀麗動人。

秦漢以來，武夷山就受到許多帝王將相和文人墨客的讚賞，有無數的名流、羽士、禪家和道者來到山中盤桓。漢武帝曾派使者用乾魚祭祀武夷君；六朝時的顧野王在武夷山講學；宋代的范仲淹、李綱、辛棄疾、陸游、朱熹，明代的徐霞客、劉伯溫、王陽明、戚繼光等，都相繼在武夷山講學、為官、遊歷。尤其是朱熹，他一生在武夷山度過了四十餘年，創立和傳播了自己的哲學體系，使武夷山一度成為福建、東南乃至全國的學術文化中

心。如今，在人跡罕至的懸崖絕壁上，還保留著具有數千年歷史的、反映了古代閩越族人生活遺存的船棺和虹橋板。紫陽書院遺址、遇林亭窯遺址、元代皇家御茶園遺址、明末清初農民起義的山寨遺址、寺院、道觀以及歷代名人的摩崖石刻等等，如同一顆顆珍珠散落在山中，此外，武夷山還被譽為「世界生物之窗」，擁有數不清的珍稀的動物、奇異的花卉、罕見的竹木和名貴的藥材。

武夷茶就是這名山中的一棵靈芽，這種獨特的自然和文化氛圍，註定了武夷茶是不同尋常的，很少有哪一種茶具有如此繁複的歷史，具有如此豐富的內涵。因為它是依託於武夷山這棵自然和文化之樹的，所以我們在談武夷茶的歷史及其演變時是不能離開武夷山的自然與人文的歷史和演變的。

「武夷茶」與「武夷岩茶」

這裡，我們認為有必要對「武夷茶」和「武夷岩茶」兩個概念進行一下區分，現在許多人都把兩者混為一談，這是值得商榷的。因為我們現在所指的「武夷岩茶」是特指武夷茶發展到十八世紀中葉之後，生產於武夷山特定區域的、烏龍茶類的武夷茶。而在一千多年的武夷茶史中，因為生產工藝、社會需求等等的不同，武夷茶曾以蒸青團茶、炒青烘青綠茶、正山小種紅茶、烏龍茶等等形式出現，與現在所指的武夷岩茶從形式到內容都完全不同，武夷茶是武夷岩茶的外延，而武夷岩茶則是包含在武夷茶的內涵之中的，是武夷茶中的佼佼者。所以，本文在敘述武夷茶演變史的過程中，十八世紀之前的稱「武夷茶」，十八世紀之後的，則稱「武夷岩茶」。

武夷茶的起源和變遷

法相初具：唐及唐以前的武夷茶

北宋詩人范仲淹曾寫過：「山中奇茗冠天下，武夷仙人從古栽。」武夷茶的歷史究竟起於何時？按中國茶葉在二世紀時由西南向東南傳播的這一趨勢推測，武夷山當在那

時就有植茶。

據史書記載，南朝齊的文學家江淹為浦城令時，遊覽了武夷山後稱讚其山水為「碧水丹山」，並說山上所產的「珍木靈草皆淹平生所愛」。

晚甘侯

關於武夷茶最早的文字記載則見於唐朝元和年間孫樵寫的《送茶與焦刑部書》，孫樵在信中寫著：「晚甘侯十五人，遣侍齋閣。此徒皆乘雷而摘，拜水而和。蓋建陽丹山碧水之鄉，月澗雲龕之品，慎勿賤用之！」信中把這種產於「丹山碧水」之鄉的茶，用擬人化的手法美稱為「晚甘侯」，「晚甘」是指入口很久還有香味，「侯」是尊稱。而「碧水丹山」正是前面江淹對武夷山的讚語，但因為當時崇安尚未設縣，武夷山屬建陽，所以說是「建陽丹山碧水」。由此可以推斷文中孫樵告訴那些達官顯貴不可隨便「賤用」的好茶當產自武夷山。所以，「晚甘侯」就成了武夷茶最早的名字。清人蔣蘅在《晚甘侯傳》一文中追溯武夷茶的歷史：「晚甘侯，甘氏如薺，字森伯，閩之建溪人也。世居武夷碧水丹山之鄉，月澗雲龕之奧。甘氏聚族其間，率皆茹露飲泉，倚岩據壁，獨得山水靈異，氣性森嚴，芳潔迥出塵表……大約森伯之為人，見若面目嚴冷，實則和而且正：始若苦口難茹，久則淡而彌旨，君子人也。」文中將「晚甘侯」做為武夷茶的名字，並將武夷茶的茶品比做人品，別具新意。

唐代飲茶之風遍及全國，各種蒸青團茶、散茶爭奇鬥豔，以江蘇陽羨茶為第一品，建茶雖已嶄露頭角，但名聲遠不及陽羨茶。

在歷史上，閩北所產之茶，被稱為「建茶」，它包含閩北之建溪（發源於武夷山，流經崇安、建陽、建甌）兩岸及其上游、東溪之北苑、壑源和崇溪之武夷以及延平所產之茶。

在相當長的歷史時期內，因為武夷山地處偏僻，崇安縣建制較晚，它的名聲被淹沒在建州之中。武夷茶也只能做為建州北苑茶的附庸進貢朝廷，沒有獲得獨立揚名的機會。

所以我們在談這一階段的武夷茶史時，必定要聯繫到建茶的歷史。最早見於文字記載的建茶，始於唐代，據《六帖》一書記載：「逸人王休居太白山下，每冬取溪水，琢其清瑩者，煮建茗，供賓客飲之。」這「建茗」就是建茶。開始建茶以研膏茶的形式出現。後來，唐貞元年間建州刺史常袞在任上改革了製茶工藝，改製成臘麵茶（臘茶，其乳泛湯麵，與熔蠟相似，故名臘麵茶），開始少量進入皇室和官宦之家，成為饋贈佳品。臘麵茶初為方形，後為餅狀，加工極為精細，茶餅不足一兩而價值千金，做為貢品，深受皇帝的喜愛。

臘麵茶上印有象徵喜慶的飛鵲之類的圖案，唐代人徐夤在《謝尚書惠臘麵茶》中寫道：「武夷春暖月初圓，採摘新芽獻地仙。飛鵲印成香臘片，啼猿溪走木蘭船。金槽和碾沉香末，冰碗輕涵翠縷煙。分贈恩深知最早，晚鐺宜煮北山泉。」從詩中可以看出臘麵茶印有飛鵲圖形、添加了香料而且配製成片狀茶形。當時的建茶雖然在數量上無法與江淮茶區相比，但品質卻是超群的，陸羽《茶經》中就說：「福州、建州等十一州未詳，往往得之，其味極佳。」

窮精極巧：宋代的發展

唐以後的五代南唐在建安北苑（屬建安縣，現在福建省建甌市東部）創建了「龍焙」，從此閩北北苑茶興起，逐漸「獨冠天下，非人間所可得也」。熊蕃在《宣和北苑貢茶錄》中說：「蓋昔山川尚閟，靈芽未露，至於唐末，然後北苑出為之最。」

北宋太平興國年間，宋太宗下詔「置龍鳳模，以別庶飲，龍鳳茶蓋始於此」。當時的建州茶人在蒸青研膏、臘麵的基礎上，製作了蒸青大小龍鳳團茶。

所謂龍鳳團茶就是在茶餅內圈中心印龍模或鳳模，外圈周圍飾以圖案花邊，龍鳳圖案為皇家專用，以區別於民間的庶飲。先有丁謂監製的「大龍團」譽滿京華，後有蔡襄監製的「小龍團」更勝一籌，後來賈青的「密雲龍」更精絕於「小龍團」，蘇軾的詩

句「獨將天上小團月，來試人間第二泉」中的「小團」指的應該就是小團茶。

北宋是我國製茶技術大變革的時期，始於唐代的鬥茶之風由於上層社會的提倡而更加盛行。宋徽宗盛讚建茶說：「其採摘之精，製作之工，品第之盛，莫不盛造其極。」

據說鬥茶源於建州茶區，為了徵集製作貢茶的原料，每年新茶產出之後，要在武夷山競臺展開一場新茶評比活動，其中的優勝者即可成為北苑官焙的原料，范仲淹的詩句云：「爭先買寵各出意，年年鬥品充官茶。」說的就是當年鬥茶的盛況和參賽者的心態。建茶就在這場「鬥茶充官品」的浪潮中，風行北宋長達半

北京故宮保存的龍鳳茶餅

個多世紀。武夷茶也做為建茶的一部分，隨北苑進貢朝廷。

隨著武夷山的逐漸為人所知，武夷茶也漸漸有了名氣。范仲淹詩云：「溪邊奇茗冠天下，武夷仙人從古栽。」蘇軾也在詩中寫道：「君不見武夷溪邊粟芽粒，前丁後蔡相寵加。」蘇轍也有詩云：「空花落盡酒傾缸，日上山融雪漲江。紅焙淺甌新火活，龍團小碾鬥晴窗。」說明武夷茶已為當時的人們所賞識。

盛極一時：元代御茶園的設立

武夷茶的單獨進貢始於元代，元朝至元十四年（1277年）浙江平章事高興在遊覽武夷山、品飲了武夷岩茶後，悟到了武夷岩茶高雅的韻味，便「羨芹思獻，始謀沖佑觀道士，採製做貢」。大德五年（1301年）創皇家焙局於武夷四曲溪畔，不久改名為「御茶園」，茶葉貢額達五千餅，武夷茶因此揚名天下。清代周亮工在《閩小記》中說：「先是建州貢茶，首稱北苑龍團，而武夷石乳未著。至元設場於武夷，遂與北苑並稱，今則但知有武夷，不知有北苑矣……御茶園在武夷第四曲，喊山臺、通仙井俱在園畔。前朝著令，每發驚蟄日，有司為文致祭。祭畢鳴金擊鼓臺上，揚聲同喊曰茶發芽。井水既滿，用以製茶上貢，凡九百九十斤，製畢，水遂渾濁而縮。」說明北苑貢茶已衰落，其地位已由武夷貢茶取代。

返樸歸真：明代的轉型

到了明朝初年，武夷山開始罷蒸青團茶進貢，改貢芽茶。明沈德府《野獲編補遺》中說：「宋貢茶，俱碾而揉之，為大小龍團，至洪武二十四年九月，上以重勞民力，罷造龍團，惟採芽

御茶園中的通仙井

茶進貢，其品有四，曰探春、先春、次春、紫筍。」又據清代《棗林雜俎》說：「明朝不貴閩茶，即貢，亦備宮中浣濯瓶盞之需……即間有採辦，皆延平產，非武夷也，蓋斫所種，武夷真茶久絕。」至此，武夷茶走入了一個低谷，由宋元時期名滿天下、不可多得的皇家貢品淪為了明代宮廷的洗碗水，這真像歷史開的一個玩笑。其原因一方面是因為御茶園的設立極大加重了當地茶農的負擔，另一方面也與一個時代的審美趣味尤其是統治階級的趣味和大眾的喜好密切相關，宋代那些精通琴棋書畫的皇帝與乞丐出生的明朝統治者的趣味必定有所不同。

明嘉靖三十六年（1557年），由於御茶園疏於管理，茶樹枯敗，武夷茶遂免於進貢，武夷御茶園在經歷了兩百五十五年之後，終於退出了歷史舞臺。御茶園雖然退出了歷史舞臺，但它對於武夷製茶業的發展是有重大意義的，首先，它樹立了武夷茶以質求勝的意識，使武夷山的製茶業經歷了千百年風雨依然能得到不同時代、不同階層人們的認同；其次，它賦予了武夷山茶人求新、求變的意識，這是武夷製茶業獲得生機和活力的內在動力。關閉了一扇門就會打開另一扇窗，罷貢之後的武夷茶反而因此進入了一個

多元發展的新時期，可以說是「塞翁失馬，焉知非福」。

將茶的形式由團茶改為散茶，可以突出保留茶原有的色、香、味、形，從而也推動了茶葉製作技術的改革。明代中葉，為了適應社會的需要，武夷山人發明了將揉曬、發酵、焙烤相結合的製茶新工藝，為茶葉的生產開闢了一個新天地，在茶葉發展史上寫下了輝煌的一頁。茶葉經發酵處理後，滋味醇厚濃烈，湯色明亮，鮮豔紅潤，因而被稱做「紅茶」。明末武夷小種紅茶輸入歐洲各國，成為王公貴族的新寵，武夷山桐木關成為世界紅茶的發源地。約在十八世紀，武夷小種紅茶的製法不脛而走，在激烈的市場競爭中，武夷小種紅茶先後被坦洋工夫紅茶、政和工夫紅茶、祁門工夫紅茶所取代，在十九世紀中後期逐漸衰落了。如今，武夷山重新向世界敞開懷抱，挖掘和保護傳統的正山小種紅茶的生產工藝應該成為當務之急。

明代初期，崇安縣召黃山僧傳松蘿製法，寺院製茶出現了炒青綠茶。據明龍膺編著的《蒙史》（1612年）記載：「松蘿茶，休寧松蘿山，僧大方所創造。予理新安時，入松蘿親見之，為書茶僧卷。其製法用鐺磨擦光淨，以乾松枝為薪，炊熱候微炙手，將嫩

山中寺院

茶一握置鐺中，札札有聲。急手炒勻，出之箕上，箕用細篾為之。薄攤箕內，用扇搧冷，略加揉挼，再略炒，另入文火鐺焙乾，色如翡翠。」又黃龍德《茶說》（1615年）載：「真松蘿出自僧大方所製，烹之，色若綠筠，香若蘭蕙，味若甘露，雖經日而色、香、味竟如初，烹而終不易。」

明末清初，沿用明時炒青綠茶的製法，其新產品如雨後春筍般湧現，武夷茶又逐漸向烘青綠茶的方向發展，出現了不少名貴的烘青綠茶如龍鬚、蓮心、紫毫、白毫、雀舌等，都是採摘外山及洲茶的初出嫩芽為原料製作的。

與此同時，隨著茶葉生產的發展，製茶的方法也隨之革新，武夷山的茶人對武夷茶的傳統製法進行了創新，創造了獨特的做青工藝，通過邊萎凋邊發酵，使鮮葉部分發生質變，葉緣變紅後，繼以高溫殺青，阻止紅變，形成「三紅七綠」的獨特風格。成茶既有綠茶的鮮爽，又有紅茶的濃醇，湯色金黃，香氣馥鬱，滋味釅濃，飲後齒頰留香，具有香高、味醇、綠葉紅鑲邊的品質特徵。這就是介於全發酵茶與不發酵茶之間的烏龍茶。明亡之後福建同安人阮旻錫入武夷山天心寺為僧，法名釋超全，其《武夷茶歌》長詩，對武夷茶的歷史、種植、管理、採、製、炒、焙、品諸方做了吟唱，其中「大抵焙時候香氣」、「鼎中籠上爐火溫」似烏龍茶的製作工藝，可以視為烏龍茶製作工藝的初期和雛形。後經不斷改進，岩茶工藝日趨完善。迄今為止我們所能見到的完整敘述這種新的製茶方法的最早的文字資料是西元1717年崇安縣令陸廷燦《續茶經》引王草堂的《茶說》中的記載。《茶說》記敘了這種新的採製方法：「武夷茶自穀雨採至立夏，謂之頭春，約隔二旬復採，謂之二春，又隔又採，謂之三春。頭春葉粗味濃，二春、三春葉漸細、味漸薄，且帶苦矣。」「茶採後以竹筐勻鋪，架於風日中名曰曬青，俟其青色漸收，然後再加炒焙，陽羨岕片，只蒸不炒，火焙以成，松羅龍井，皆炒而不焙，故其色純。獨武夷茶炒焙兼施，烹出之時，半青半紅，青者乃炒色，紅者乃焙色。」「茶採而攤，攤而摝，香氣發越即炒，過時不及皆不可，既炒既焙，復揀去老葉枝蒂，使之一色。」《茶說》所述，完全是烏龍茶至今未變的傳統工藝。其製法在《茶說》成書之前就已在生產上廣泛運用，而且應有一定的流傳時間，應該比《續茶經》引用《茶說》時的時間還要早。武夷岩茶的製法正是烏龍茶製法的精華，其技術措施揚紅綠茶之長，避紅綠茶之短，品質優異，自成一格。

由盛而衰：清代的武夷茶

清末至民國初年，武夷岩茶才分出具體的花色，也在此間進入了一個大發展的時期。「五口通商」以後，烏龍茶類的武夷岩茶開始揚名海外，銷量遽增，當時武夷山有茶園近萬畝，岩茶廠一百五十多家，茶莊八十多家，岩茶產量達五六十萬斤，湧現了「大紅袍」、「鐵羅漢」、「白雞冠」、「水金龜」等四大名叢。茶市也從崇安的下梅

遷到了赤石，為處於鼎盛時期的武夷岩茶，提供內外貿易市場。武夷山的範圍並不大，於是出現了烏龍茶供不應求的情況，於是「鄰邑盡多種植，運至星村、赤石銷售，皆充烏龍」。當時的星村和赤石等地，河邊貨船密集，街市茶行林立，山西、江西的茶幫，漳州、泉州的茶客紛至沓來，靠經營茶葉而致富的人很多。

由於受到第一次世界大戰的影響，1921至1929年期間，岩茶的銷量遞減，產量也一落千丈。1931至1934年，崇安建立了蘇維埃政府，成為閩北紅色政權的中心。蘇維埃政府提倡發展茶葉，鼓勵茶農改良品種。每年春天，來自江西的採茶工人仍然在採茶季節到來之前相邀來到武夷山採製岩茶，賺取工錢。武夷山市檔案館至今還保留著崇安縣蘇維埃政府《致江西白區採茶工人的一封信》以及提倡在紅白區貿易中以茶、紙換取鹽和藥品的珍貴文件。

抗戰爆發後，尤其是1941年太平洋戰爭爆發後，海上交通受阻，武夷岩茶滯銷。據1942年國民黨中央武夷山茶葉研究所調查，山中茶廠不上四十家，茶莊僅有十餘家，茶園面積不足一千畝，產量僅一萬餘斤，武夷岩茶幾乎面臨絕境。1940年九月，愛國華僑陳嘉庚先生率領南僑籌賑祖國慰問團回國視察武夷山時，見到茶園雜草叢生，荊棘遍地，十分痛心，批評當局說：「武夷山自出名茶以來，已數百年之久，歷代政府只知抽稅權利，對研究培養與製造完全置之不聞不問，任農夫和商家沿用舊法，不思前進，當前雖有人提議改善，然在污劣官吏統治下，亦僅托空言也。」他還對「大紅袍」十分讚賞，說：「閩省武夷產茶之盛，名傳中外，有最良者稱曰『大紅袍』，每冒其名者雖多，究實正大紅袍茶極少。雖知其物可貴重，但未盡其保護之道也。」對武夷岩茶的前途表示了深深的憂慮。但是，國運衰微，區區幾棵茶樹，又有多少人放在眼裡呢？

就在此時，一批茶界有識之士，選定了既產名茶且日寇未及的武夷山做為發展研究基地。他們負笈提囊、翻山越嶺來到武夷山，先後有張天福、吳覺農、莊晚芳、王澤農、莊任、吳振鐸、林馥泉等，苦心經營「示範茶場」，籌辦「茶葉研究所」，致力中華茶事。

在1941至1945年的四年間，茶葉研究所在經費極端困難的情況下，還做了許多研究工作。主要有：1.茶樹栽培方面。主要是探索改良茶樹品質，增加產量，節約成本。從

栽培的途徑分別進行了育種、繁殖、修整和病蟲害防治等實驗研究。2.茶樹育種方面。吳覺農先後在武夷山的天心岩、寶國岩、霞濱岩、彌陀岩等培植了歷代著名的名叢奇種數十個，如不知春、木瓜清、雪梅青、白桃仁、素心蘭、肉桂等。其中肉桂品質最好，飲後兩頰留香，滿口生津，岩韻長駐，屬武夷岩茶中的佼佼者。3.茶葉製造方面。改進茶葉製造方法是提高茶葉品質、降低成本的重要一環。他們進行了各種紅綠茶製造方法的比較實驗，與武夷山一批做茶師傅共同研究，將武夷岩茶的採製工藝進行了一次總結與提高。4.茶葉化驗方面。做了武夷岩茶土壤調查分析工作，基本弄清楚了土壤環境、形態、特性並提出管理建議。運用化學分析的方法，探求茶葉分級的成分標準，分析茶葉製造過程中的各種內含物質的化學變化，以利於產製技術的改進。5.技術推廣方面。輔導推廣方面主要是推行茶樹更新。調查統計主要是做了崇安桐木關、武夷山、八角亭等各茶區的概況調查；浙、皖、閩、贛四省內銷茶產銷調查；歷年國茶對外貿易輸出統計等。編印了《萬川通訊》、《武夷通訊》、《茶葉研究》等定期刊物和不定期的叢刊、研究報告、調查報告、宣傳小冊子及譯著等。

跨越式發展：解放後的武夷茶

新中國成立以來，武夷岩茶的發展有了新的跨越。如今，它已位居中國十大名茶之列，享譽中外。1999年，武夷山被聯合國教科文組織批准為世界自然與文化遺產，以此為契機，武夷岩茶也面臨著新的跨越和挑戰。2002年，中國國家品質監督檢驗檢疫總局批准了對武夷岩茶進行原產地域保護的申請，規定了武夷岩茶的術語和定義、原產地域範圍、分類、要求、試驗方法、檢驗規則和標誌、標籤、包裝、運輸、貯存的標準等等。將武夷岩茶（Wuyi rock-essence tea）定義為：「在獨特的武夷山自然生態環境條件

武夷岩茶原產地的範圍

下選用適宜的茶樹品種進行繁育和栽培，用獨特的傳統加工工藝製作而成，具有岩韻（岩骨茶香）品質特徵的烏龍茶。」原產地域範圍是指中國國家品質監督檢驗檢疫總局根據《原產地域產品保護規定》批准的範圍。根據原料產區的不同劃分為兩個產區：武夷岩茶名岩產區和武夷岩茶丹岩產區。武夷岩茶名岩產區為武夷山市風景區範圍，區內面積七十平方公里，即東至崇陽溪，南至南星公路，西至高星公路，北至黃柏溪的景區範圍。武夷岩茶丹岩產區為武夷岩茶原產地域範圍內除名岩產區的其他地區。規定除上述區域之外生產的茶葉，不得冠以武夷岩茶之名。這無疑為武夷岩茶健康、有序的發展提供了有力的保障。

和任何其他事物的發展一樣，武夷岩茶在歷史的曲折中前行。但不論世事如何變遷，不變的永遠是她汲取於天地山川的靈氣和令人怡情悅性的岩韻。讓我們祝福她擁有一個更加美好的明天！

【第二章】

岩骨花香話岩韻

武夷岩茶是烏龍茶中的上品，茶葉專家張天福說過：「凡茶香種種，有品種香、土壤香、氣候香、加工香，武夷岩茶四香俱備。」武夷岩茶名叢、名種甚多，具有品種本身特有的香氣，又得益於特殊的土壤和氣候條件，然後輔之以世界上獨一無二的先進製作技術，自然具有不同凡響的品質。

聽古人說「岩韻」

武夷岩茶味甘澤而氣馥鬱，去綠茶之苦，無紅茶之澀，香久益清，味久益醇，茶湯金黃或橙黃，濃豔清澈，葉緣朱紅，葉底軟亮，綠葉紅鑲邊。具有岩骨花香的「岩韻」是其最重要的品質特徵。關於岩韻，清代梁章鉅（1775—1849）在《歸田瑣記》中的一段記載可為其做註解：「余嘗再遊武夷，信宿天遊觀中，每與靜參羽士夜談茶事。靜參謂茶名有四等，茶品有四等。……至茶品之四等，一曰香，花香小種之類皆有之，今之

雲霧繚繞的武夷山

品茶者，以此為無上妙諦矣。不知等而上之，則曰清，香而不清，尤凡品也。再等而上，則曰甘。香而不甘，則苦茗也。再等而上之，則曰活，甘而不活，亦不過好茶而已。活之一字，須從舌本辨之，微乎微乎！然亦必瀹以山中之水，方能悟此消息。」這位靜參羽士的確是參透了武夷岩茶的精髓，他歸納的「香」——「清」——「甘」——「活」這四個層次，由低到高，自外而內，道出了武夷岩茶品質的四個不同境界。而「活」的境界，不僅要靠舌頭，更是

要靠心靈的感悟才能達到。所以，梁章鉅接下來這樣寫道：「此等語，余屢為人述之，則皆聞所未聞者，且恐陸鴻漸《茶經》未曾夢及此矣。」認為連茶聖陸羽都未必有如此高明的見解。現在我們對這四個層次的理解是：「香」指香幽而清無異味；「清」指滋味醇厚無苦澀；「甘」指舌本回甘；「活」指鮮爽潤滑。

「岩韻」之由來

獨特的品種

武夷山菜茶是有性生殖群體，稱「武夷種」。武夷種茶樹變化萬千，武夷山因此有「茶樹品種王國」之稱。武夷岩茶區的勞動人民，從武夷「菜茶」的原始品種的有性群體中，經過反覆單株選育，積累了名目繁多的優秀單株，單株選擇，分別採製，最後以成品茶品質是否優異做為選育的標準。這是武夷岩茶區選育技術的獨到之處。如發現某些單株具有優秀品質，經反覆評比，依據品質、形狀、地點等不同的特點命以「花名」。所以林文治曾說過：「唯武夷地非常奇特，同一山岩，同一茶園，近在咫尺之茶樹，韻味可能各異。」正因如此，才會有單株名叢的獨負盛名。

獨特的栽培管理

武夷山到處是峭峰深壑，高山幽泉，爛石礫壤，迷霧沛雨，因為氣候與地形的錯綜複雜，武夷岩茶的栽植也有其獨特之處。當地的茶農大多利用幽谷、深坑、岩隙、山凹和部分緩坡山地，以石砌梯填土建園。或者利用險峻的石隙，

九龍窠茶園

砌築石座，運填客土，以蓄名叢。還有利用天然石縫寄植茶樹的。這種特殊的盆栽式茶園是其他茶區所沒有的。武夷岩茶的耕作採取深耕法、深耕吊土法、代替施肥的客土法等等，雖有某些不足之處，但有利於滅草除蟲、土壤熟化，對岩茶的品質產生很大的影響。

獨特的立地條件

武夷岩茶特殊的品質特徵「岩韻」的形成，取決於多種因素的綜合，其中立地條件對岩茶品質的影響十分重大。

按《茶經》的說法，茶樹「上者生爛石，中者生礫壤，下者生黃土」，武夷山的土壤條件介於爛石和礫壤之間，具有植茶得天獨厚的自然條件。國民黨財政部貿易委員會茶葉研究所於1944年刊印的《茶葉研究所兩年來工作概述》的《武夷茶岩土壤調查》中談到：武夷岩茶品質之優秀向來認為是山川靈秀所鍾，但其受地理因素的影響，卻素無明確概念。為探求土壤之外界情況與內在因素對於岩茶品質的關係，並比較各岩土壤特質，於三十一年（1944年）著手調查武夷茶岩土壤，情況如下：本區所見土壤，有紅壤、灰化紅壤、灰棕壤、准黃壤、黃壤、殘積土、紫色土、沖積土等，紅壤之分佈，大多在丘陵頂部及向陽之區，受當地溫濕氣候之強烈影響。唯山區地質為第三紀紫紅色岩層，未受火山岩侵入之影響，岩層平緩，經水流悠久之下切作用，造成周邊之內向崖及中心之錐巒。內向崖及錐巒間，因岩層堅弱相疊，愈下硬度愈弱，水流之下切，造成狹窄幽深之溪谷，並於岩頁稍厚處，造成大小山洞，至山內地形複雜，呈喀斯特之外貌，此種擬喀斯特複雜之地形，令山中微域氣候變異多端，於是隨地形與氣候之不同，而有殘積土、黃壤、准黃壤、灰化紅壤等之分佈。此外更因水系發達，在水源便利之區，開闢水田，生成濕土。山中溪流彙集之交點，地勢曠坦每有沖積土之分佈。九曲溪南及山之西北角，錐巒之間，土壤陰濕，且山頂多馬尾松、櫟、櫧、栲、朴等林木及芒萁骨、石松、蕨、薇等雜草，其殘敗遺體，落入谷中，致土壤受中庸之灰壤化作用而為灰棕壤。山之東南一隅，曾發現紫色土，為石灰性紫色葉岩之生成物，其理化性尚未脫離母岩本質這一調查。較好地揭示了武夷茶岩土壤與岩茶品質的相關性。

茶園依山而建

一般說來，依栽培生長的地域劃分，武夷岩茶分為正岩茶、中岩茶、半岩茶、洲茶和外山茶。正岩茶產於武夷山慧苑坑、牛欄坑、大坑口、流香澗、悟源澗等地，號稱「三坑兩澗」。中岩茶產於三坑兩澗以外和九曲溪一帶的岩山中。半岩茶產於丘陵地、星村、企山一帶。洲茶產於崇陽溪和九曲溪側的沙洲地。外山茶產於不屬於上述範圍的黃柏、洋莊、興田等地。

獨特的採製工藝

岩茶的製法，兼取紅茶、綠茶的製作原理之精華，是勞動人民集體智慧的結晶，是決定岩茶品質的重要條件。它對採摘要求極其嚴格，焙製技術相當細緻，其製作工藝流程如下：

採摘→萎凋曬青↔（複式萎調即二曬二晾）晾青→做青（搖青與做手（反覆多次））

→炒青↔（雙炒雙揉）揉撚→初焙（即毛火，俗稱「走水焙」）→揚簸→晾索（攤放）

→揀剔→複焙（足火）→團包→補火→毛茶裝箱

1. 採摘

武夷岩茶採摘次數，一年基本上採三次，春茶、夏茶、秋茶。鮮葉的採摘標準，以新梢芽葉伸育均臻完熟，形成駐芽後要一芽三至四葉，對夾葉亦採，俗稱開面採，一般掌握中開面採為宜。採摘的要求，掌心向上，以食指勾住鮮葉，用拇指指頭之力，將茶

工人在挑青

葉輕輕摘斷。採摘的鮮葉力求保持新鮮，盡量避免折斷、破傷、散葉、熱變等不利於品質的現象發生。

2. 萎凋（兩曬兩晾）

萎凋是形成岩茶香味的基礎，目的在於蒸發水分，軟化葉片，促進鮮葉內部發生理化變化。萎凋中變化顯著的是水分喪失，萎凋處理得當與否關係到成茶品質的優劣。

茶青進廠後，即倒入青弧內，用手抖開（避免內部發熱紅變），將茶青勻攤於水篩中（俗稱「開青」），每篩鮮葉約0.5公斤，攤好後排置於竹製萎凋棚上（俗稱「曬青架」）。根據日光強度、風速、濕度等因素，以及鮮葉老嫩和各品種對萎凋程度的不同要求靈活掌握，此法稱為「曬青」。初採茶青，因水分多，富有彈性，經日光曬後葉片漸呈萎凋狀，光澤漸退，將兩篩併為一篩，搖動數下，再曬片刻，即移入室內晾青架上，稱「晾青」。待鮮葉冷卻，稍復原時，再移出復曬片刻，輕輕搖動後收攏，攤於篩中，移入晾青架上再次晾青。

曬青程度以葉片半呈柔軟，兩側下垂，失去固有的光澤，由深綠變成暗綠色，水分蒸發掉15%左右為適度。曬青原則「寧輕勿過」，這樣才能在晾青中有利於恢復青葉一部分彈性，才有利於做青的進行。鮮葉除了用日光外，遇陰雨天還可採用加溫萎凋方法。

開青

晾青

3. 做青（搖青、做手）

武夷岩茶特殊品質的形成關鍵在於做青。做青是岩茶初製過程中特有的精巧工序，其特殊的製作方法形成岩茶色、香、味、韻及「綠葉紅鑲邊」的優良特質。做青的過程十分講究，其費時長，要求高，操作細緻，變化複雜。從「散失水分」、「退青」到「走水」、恢復彈性，時而搖動，時而靜放，動靜結合，攤青前薄後厚，搖青前輕後重，靈活掌握。總之，應通過搖動發熱促進青葉變化，又要通過靜放散熱抑制青葉變化。

尤其是，做青還必須根據不同品種和當時的氣候、溫度、濕度，採取適當措施，俗稱「看天做青，看青做青」。

搖青

具體做法：茶青移入青間前，均需將茶青搖動數下，然後移入較為密閉、溫濕度較穩定（溫度25℃左右、濕度70％～80％）的青間。放置青架上，靜置不動使鮮葉水分慢慢蒸發，繼續萎凋。經一至一個半小時後，進行第一次室內搖青，搖青次數約十餘下。用武夷岩茶特有的搖青技術，使萎凋的青葉在水篩內成螺旋形，上下順序滾轉，翻動的葉緣互相碰撞磨擦，使細胞組織受傷，促使多酚類化合物氧化，促進岩茶色、香、味的形成。搖青之後將茶青稍收攏，仍放置在青架上。第二次搖青時可見葉色變淡，即將四篩茶併為三篩，再進行搖青，同時用雙掌合攏輕拍茶青一二十下，使青葉互碰，彌補搖動時互撞力量的不足，促進破壞葉緣細胞（俗稱「做手」）。做手後須輕輕翻動茶青並將其輔成內陷斜坡狀（水篩邊沿留有兩寸空處，不放青葉），在青架上靜置兩小時後，再進行三次「搖青」，其方法同前。搖青、做手的次數及輕重，視青葉萎凋程度適當增加，此時的茶青已呈萎軟狀態，放置相當時間後，枝莖部分所含水分逐漸擴散，青葉呈膨脹狀，富有彈性，當地製茶工人神祕的將此稱為「走水返陽」。第四次搖青時，茶青四篩併為三篩，搖青轉數逐漸增多，力度逐漸加重。之後，攤葉面積縮小，並鋪成

凹形，中有五寸直徑的圓圈，水篩邊沿留三寸空處，這樣可使空氣流通，不致使青葉發熱、發酵過度。整個做青過程需經六至七次的搖青和做手，時間約八到十小時。最後一次「搖青」和「做手」較為關鍵，因青葉經數次搖動後，葉緣細胞已完全破壞，隨著發酵作用越來越快速，青葉的紅變面積逐漸增加，葉內的芳香物質激發出來，青葉由原來的青氣轉化為清香，葉面清澈，葉脈明亮，葉色黃綠，葉面凸起呈龜背形（俗稱「湯匙葉」），紅邊顯現。這說明做青程度已適度，即可將茶青裝入大青弧，抖動翻拌數下，然後裝入軟簍，送至炒青間炒揉。

做青的原則是：重萎輕搖，輕萎重搖，多搖少做，輕動先輕後重，先少後多；等青時間先短後長，發酵程度逐步加重，做到「看天做青，看青做青」。

4. 炒青與揉撚

炒青的目的是利用高溫火力，破壞酶的活性，中止發酵，穩定做青已形成的品質，純化香氣。炒青時，炒灶火力要極大，鍋溫逐漸增高至230～260℃以上。每鍋約0.75公斤

炒青

左右投入鍋中翻炒。翻炒時兩手敏捷翻動，翻動時不宜將茶青過於抖散，以防水分蒸發太乾，不便揉撚。約二三分鐘，翻炒四五十下後，青葉表面帶有水點，已柔軟如棉，即取出揉撚。茶青取出後，趁熱迅速置於揉茶臺上的揉茶口中，將炒青葉壓於揉茶口中來回推拉，直至葉汁足量流出，捲成條形，濃香撲鼻，即解塊抖鬆。然後再將兩人所揉之葉併入鍋中複炒，複炒溫度比初炒低（200~240℃），時間也比初炒短，約半分鐘，僅翻轉數下，取出再揉，揉茶時間比初揉略短。經雙炒雙揉之後的茶葉，即可進入焙房初焙。

雙炒雙揉技術是武夷岩茶製作工藝中特有的方法，也是非常重要的環節，複炒可彌補第一次炒青的不足，通過再加熱促進岩茶香、味、韻的形成和持久；複揉使毛茶條索更緊結美觀。雙炒雙揉形成武夷岩茶獨特的「蜻蜓頭」、「蛙皮狀」、「三節色」。

5. 初焙

初焙，俗稱「走水焙」，其主要目的是利用高溫使茶葉中一些物質受熱轉化。

青葉經雙炒雙揉後，即送至焙房烘焙。焙房窗戶須緊閉，水分僅能從屋頂隙縫中透曳，溫度控制在100~110℃。將炒揉的茶葉均勻放置狹腰篾製的焙籠中，攤葉厚度為二~三釐米，然後將焙籠移於焙窟上，約十~十二分鐘，翻拌三次。由

初焙

揚簸

於各焙窟溫度有高有低，茶葉初焙應在不同溫度下完成。下焙後六七成乾的茶葉叫茶索。

岩茶初焙，是為了抑制酵素，固定品質，因此要在高溫下短時間內（僅十一～十二分鐘）進行，這樣可最大程度減少茶葉中芬芳油等物質的損失，又可使酵素失去活力。

6. 揚簸、晾索、揀剔

茶索經初焙後水分蒸發過半，葉呈半乾狀態，此時茶葉的化學變化暫時停止，即進入以下幾個工序：

揚簸：茶葉起焙後，倒入簸箕弧內，用簸萁揚去黃片、碎片、茶末和其他夾雜物。揚簸在烘

焙房內進行，簸過的茶葉攤入水篩中，每六焙併一水篩，厚度約為三～五釐米，然後移出焙房外，擱於攤表架上晾索。

晾索：晾索的目的一是避免焙後的茶葉積壓一堆，未乾茶葉堆壓發熱易產生劣變；二是避免受熱過久，茶香喪失，同時晾索也可使茶葉轉色，有油潤之感。晾索時間約五～六小時，然後才能交揀茶工揀剔。

晾索

揀剔

揀剔：揀去揚簸未乾淨的黃片、茶梗，以及無條索的葉子，揀茶一般在茶廠較亮處進行。

複焙

7. 複焙（足火）

為了使茶葉焙至相應的程序，減少茶香喪失和茶素的減損，複焙時，溫度應比初焙時略低。

方法：經揀剔的茶葉，放入焙籠內，每籠約0.75公斤，將其平鋪於焙籠上進行烘焙。烘焙所需的火溫能常以100℃左右，焙至二十分鐘後進行第二次翻茶。其後，焙至約四十分鐘，進行第三次翻茶。三次翻茶後，再焙約半個小時，用手撚茶即成末，說明茶已足乾。這只是一般要求，在實際操作中，還要憑焙茶師的經驗靈活掌握，每次翻茶時焙窟的火堆，須進行一次「撥灰」，即用木製小焙刀，在火堆邊沿將灰撥勻，使火力均衡，並控制火溫。

茶葉在足乾的基礎上，再進行文火慢燉。燉火：即低溫慢烘，是武夷岩茶傳統製法的重要工藝。岩茶經過低溫久烘，促進了茶葉內含物的轉化，同時以火調香，以火調味，使香氣、滋味進一步提高，達到熟化香氣、增進湯色、提高耐泡程度的效果。燉火的高超技術，為武夷岩茶所特有。

燉火的火溫，傳統的方法是用背靠在焙籠外側，有一定的熱手感即為適度，或用眼睛距焙籠內的茶葉五～六寸處利用火溫對視覺的衝擊來把握溫度。燉火的溫度以85℃左右為宜。為了避免香氣喪失，焙籠還須加蓋。對優良品種及名叢，在燉火時，還須墊上「小種紙」來保護茶條。燉火過程費時較長，一般需七小時左右，低溫久烘時間的長短，依據（a）茶葉內質要求不同而定；（b）市場消費要求不同而定。同時還應根據茶葉的變化，及時進行翻焙處理。武夷岩茶在焙至足火時，觀其茶葉表面，會呈現寶色、油潤，聞乾茶具有特有的「花果香」、「焦糖香」為理想之茶。這種焙法獨具特色。因此，清代梁章鉅稱「武夷焙法實甲天下」。

8. 團包

茶葉在燉火後，即「起焙」進行團包。

9. 補火

補火俗稱「坑火」，目的是去除紙上的水分，避免被茶葉吸收而發生黴變。

10. 毛茶裝箱

補火後，將茶裝入茶箱內，放在乾燥的室內，待製茶結束，挑運下山，交茶莊處理（精製）。

武夷岩茶在整個工藝流程中，伴隨著許多「絕技」。

萎凋（兩曬兩晾）：採取先日光萎凋而後陰處攤晾，控制萎凋失水程度，使之恰到好處。這對提高岩茶品質十分重要，萎凋必須根據日光程度、鮮葉老嫩及不同品種，靈活把握，俗稱「看青曬青」。萎凋是否得當，有豐富經驗的茶師，將萎凋葉豎起觀察，

依據頂端駐芽下垂的程度來判斷。這就是萎凋中的絕技。

做青：是形成岩茶醇厚滋味、茶果香和「綠葉紅鑲邊」的過程。做青是岩茶製作過程中一次重要的技術工序，關係到茶葉品質的優劣，因此要有高超的技能和豐富的經驗。武夷岩茶特有的做青工藝，是通過搖青與晾青的交替進行，厚攤靜放，動靜結合，利用「走水」（經搖青的促動，使梗脈中所含的水分加速輸送到葉面，俗稱「走水」。青葉產生膨脹狀，富有彈性，俗稱「返陽」、「死去活來」），使青葉「退青」又「返青」（返陽）。在「走水」的過程中，青葉梗脈中的內含物向葉面分佈，從而使葉面的兒茶素、氨基酸組成發生變化，同時也促進青葉內質的變化。此外，當時的溫度、濕度對做青的影響也很大，溫度太高，青葉容易紅變、死青；濕度太大，造成青葉「積水」，不利於品質的形成。因此在做青過程中，要即時觀察青葉情況和溫、濕度的變化，採取相應的措施。整個做青過程即是一個使鮮葉由彈性到柔軟，從軟青到硬青的技術過程。總之，在做青的全過程中，沒有固定的模式，如何做到「看天做青，看青做青，走水返陽，恰到好處」，都全憑做青師傅豐富的經驗來判斷、操作才能把握好。

雙炒雙揉：是武夷岩茶製作工藝特有的方法。複炒複揉可以改進第一次炒揉不勻、半紅半青的花青狀態，使外形條索緊結美觀，形成武夷岩茶獨特的「蜻蜓頭」、「蛙皮點」、「三節色」。雙炒雙揉複炒的時間雖短，但對品質的提高至關重要，特別是對香氣、滋味能產生有利的影響。初揉之後，在複炒中液汁外溢，與高溫炒鍋直接發生接觸，使岩茶的內含物產生急劇變化，特別是糖的「焦糖化」過程及水化果膠的增加，使岩茶產生一種特別的韻味，這種韻味就是通過獨特的雙炒雙揉工藝得以充分體現。

燉火：即低溫久烘，是提高岩茶香氣、滋味重要而獨特技術措施。通過低溫久烘，以火調香，以火調味，使香氣、滋味進一步提高，達到熟化香氣、增進湯色、提高耐泡程度的效果。燉火的過程，需七小時左右，每個時段的動態溫度、火候的掌握，全憑焙茶師傅的手感和溫度對視覺的衝擊力來判定。在焙製中，觀察茶的變化極為重要，要有豐富的經驗，同時根據茶在焙籠中的變化，及時調整火溫並進行翻焙處理。岩茶在「吃足火」情況下，會在表面呈現特有的寶色，這是優質岩茶特徵的體現。焙火的高超技術，為武夷岩茶所獨有。

如此繁複的製作工藝，令人嘆為觀止，陳椽就曾說過：「武夷岩茶的創製技術獨一無二，為全世界最先進的技術，無與倫比，值得中國勞動人民稱雄世界。」

人人心中有岩韻

用「岩韻」一詞來描述武夷岩茶的品質，究竟起於何時、何人，已不可考。但這一個詞深得中國文化之精髓。用無形來說有形，體現了一種中國人重直覺與頓悟的審美意趣。有點像古人論詩，說詩歌有神韻、有趣味、有滋味，但究竟怎樣才是有神、有趣、有味，似乎又只可意會，難以言傳。

在我看來，岩韻，從物質的層面上說是一種大自然的氣息；而從精神的層面看，體現了中國人對天人合一的理想人生境界的追求。

先說天與地，天與地是岩茶生長的外部環境，包括環境氣候等等。武夷山獨得造化

山水相映

之垂青，其奇山秀水是岩茶生長的大環境。從小環境來說，在山中時見茶樹與其他植物雜處，所以，我們發現，與蘭花同生的，其味常帶蘭花香；周圍環繞桃林的，其味有蜜桃香；與草藥同處的，有草藥香；附近有苔蘚地衣的，必帶苔蘚地衣之味……如此等等。再來說人，在武夷岩茶逾千年的發展史中，貫穿著山中勞動人民的不懈努力和追求。在栽培、採摘、製作的過程中，他們視茶為愛物，在從青葉到成茶的過程中，並沒有讓茶的生命消逝。好茶，經過萎凋、揉撚、成茶，依然帶有「寶色」，還有鮮活的生命在。而人

在製作中付出的艱辛勞動，也一樣附著在茶的生命裡了。好茶，是天時、地利、人和的產物。

而品茶之人，他要做的，就是去還原岩茶中那股大自然的氣息，達到心靈與自然、心靈與自我的溝通。就像前面說到的靜參羽士所謂的岩茶之「活」的境界，是不僅需要用感官，更需要用心靈去領悟的。記得趙朴初老先生生前遊覽武夷山，說在武夷山最好的感覺是在遇林亭的小瀑布前，坐於亭中，手捧清茶一杯，聽山風陣陣，愜意無比。蘇軾有一首詞這樣寫道：「細雨斜風作小寒，淡煙疏柳媚晴灘。入淮清洛路漫漫，雪沫乳花浮午盞。蓼茸蒿筍試春盤，人間有味是清歡。」寫的是他與朋友去郊外遊玩，在斜風細雨中喝著泛著乳花的酒，品嚐著春日山野中的野菜和新筍，感覺到「人間有味是清歡」。這「清歡」講的就是對平靜簡樸生活的熱愛，是人生的一種境界，是許多現代人迷失了而又在尋覓的東西。靜靜的找一個所在，最好能看見一些風景，品一杯岩茶，用心去體會，一定比在喧囂的酒宴中更能洗滌心靈，而岩韻也就在你的口中、心中了。

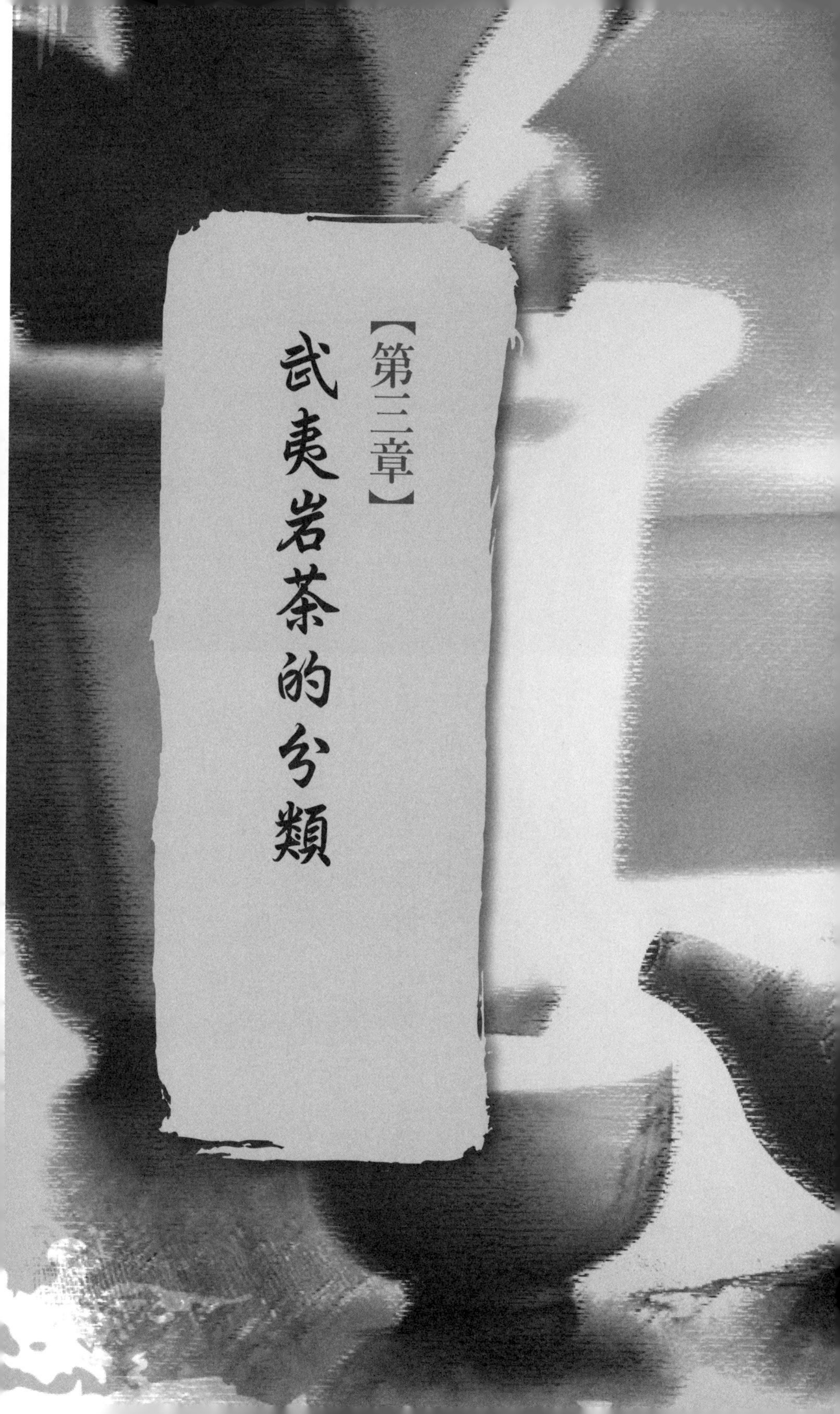

【第三章】武夷岩茶的分類

名種與名叢相得益彰

武夷岩茶都是以茶樹品種命名的。武夷山素有茶樹品種王國之稱，山內生長著世代流傳的有性群體茶樹品種，當地人稱菜茶（即奇種）。這些有性群體，經長期自我雜交後，演變出許多優良單株。歷代的專家、茶農對這些單株分別採製，以成品茶品質是否優異為標準，經反覆評比，對品質優異者，依據不同特點冠以「花名」。再從種種「花名」中評出「名叢」。工序嚴謹，頗具匠心，這是武夷山選育名叢的獨到辦法。最後按其生長環境、茶樹形態、葉形、發芽遲早、成品茶香型、栽植年代、神話傳說等予以命名。武夷岩茶品種繁多，品種資源極為豐富，令人眼花繚亂。當地茶農稱有八九百個品種，據茶葉志記載有名字可查的有二百六十四個。

武夷茶的名稱隨著時代的發展，常常更新。自唐朝茶聖陸羽《茶經》出現「茶」字之後，元和年間孫樵《送茶與焦刑部書》稱武夷茶為「晚甘侯」，後來又稱研膏、臘麵，宋代製龍團鳳餅，其茶名就達四十餘種。元代稱石乳，明代又有紫筍、靈芽、仙萼等。明末清初，隨著新製法的出現及單叢培育花名的增多，茶品名稱更是萬紫千紅，不勝其數。現列出武夷山歷代的武夷茶成品茶名：

武夷名叢

唐代：研膏、蠟麵

宋代：龍團、鳳餅、密雲龍、鐵羅漢、墜柳條

元代：石乳、京鋌

明代：先春、次春、探春、紫筍、靈芽、白雞冠

清代：大紅袍、老君眉、不知春、烏龍、素心蘭、肉桂、水金龜、半天腰、金鎖匙、白牡丹、雪梅、紅梅等

民國及現代：大紅袍、肉桂、奇種、水仙、鐵羅漢、水金龜、白雞冠、奇蘭、佛手、小紅袍、梅占、毛蟹、黃棪、不見天、石角、嶺上梅、過山龍、水中仙、金鎖匙、半天腰、吊金鐘、醉海棠、醉洞賓、釣金龜、鳳尾草、玉麒麟、國公鞭、一支香、瓜子金、金錢、竹絲、金柳條、倒葉柳、太陽、太陰、白吊蘭、水紅梅、綠蒂梅、黃金錠、迎春柳、不知春、白瑞香、石乳香、白麝香、夜來香、十里香、正唐梅、宋玉樹、呂洞賓、白牡丹、紅孩兒、素心蘭、醉西施、白月桂、正太侖、水葫蘆、夜來香、金獅子、紅月桂、瓜子仁、醉貴妃、賽文旦、正雪梨、巡山猴、綠蒂桃、過山龍、醉毛猴、金丁

香、仙人掌、桃紅梅、正碧桃、白雪梨、並蒂蘭、正芍藥、正瑞香、綠芙蓉、白杜鵑、付獨佔、碧桃會、正玉蘭、白射香、白吊蘭、綠鶯歌、金觀音、正薔薇、月月桂、白奇蘭、粉紅梅、綠牡丹、正黃龍、綠獨佔、羅漢松、正肉桂、正毛猴、正珊瑚、水金錢、蓮子心、苦瓜、石中玉、萬年紅、正木瓜、萬年青、石觀音、正梅占、四方竹、滿樹香、月上香、八步香、四季香、英雄草、千里香、滿山香、奇蘭香、虎耳草、龍鬚草、金錢草、觀音竹、靈芝草、葉下紅、滿地紅、滿紅紅、太陽菊、淵明菊、精神草、日日紅、半畔藥、老來紅、狀元紅、沉香草、東籬菊、鳳尾草、蟹爪菊、水沙蓮、午時蓮、佛手蓮、千層蓮、八角蓮、瓶中梅、嶺上梅、出牆梅、慶陽蘭、鶯瓜蘭、石吊蘭、四季蘭、金蝴蝶、金玉蟾、金石斛、金英子、金不換、玉獅子、麒麟、玉蓮環、紅海棠、紅雞冠、紅鏽球、雞爪黃、玉孩兒、綠芙蓉、大桂林、水中蒲、水中仙、老君眉、老來嬌、老翁鬚、點點金、向日葵、剪春羅、剪秋羅、蟾宮桂、孔雀尾、萬年松、關公眉、馬尾素、七寶塔、珍珠球、葉下青、人參果、石蓮子、吊金龜、雙鳳冠、威靈仙、過江龍、佛手柑、雙如意、提金釵、小玉桂、一葉金、翠花嬌、藍田玉、洛陽綿、節節青、

王母桃、花藻石、紫金冠、石鐘乳、隱士筆、同心結、竹葉青、洞賓劍、天明冬、不老丹、馬蹄金、五經魁、芭蕉綠、西園柳、虞美人、夾竹桃、香茗澀、天南星、雲南碧、絮柳條、梧桐子、宋玉樹、步步嬌、笑牡丹、蓮花箋、夜明珠、繡花針、觀音掌、紫金錠、名橄欖、紫木筆、迎春柳、野薔薇、山上臻、十八草、墨斗筆、醉和合、還魂草、胭脂米、醉水仙、白蒼蘭、白荳蔻、白杜鵑、白玉梅、金紫燕、賽龍齒、賽羚羊、賽珠琪、賽玉忱、賽絡陽、出林素、玉如意、玉美人、正水枝、正玉盞、正斑竹、正瑪瑙、正參鬚、正荔枝、正松羅、正白毫、正紫錦、正長春、正東香、正琉璃、正柳條、正浮萍、正銀光、正唐樹、正荊棘、正羅衣、正棋楠、約荳蔻、玉兔耳、岩中蘭、七寶丹、五彩冠、白玉霜、向東葵、海龍角、倒葉柳、蕃芙蓉、初伏蘭、向天梅、玉常春、虎爪紅、月月紅、正青苔、正白果、正鳳尾、正萱草、正桑葚、正竹蘭、正玉菊、大夫板、萬年木、君子竹、紫荊樹、千年矮、九品蓮、金鎖匙、水楊梅、水底月、月中仙、西季竹、忘憂草、正唐梅、玉女掌等等。

武夷岩茶的分類

西元1734年，陸廷燦在《續茶經》中說：「武夷茶……在山上者為岩茶，水邊者為洲茶，岩茶為上，洲茶次之，岩茶北山者上，南山者次之。南北兩山又以所產之岩為名，其最佳者，名曰工夫茶，工夫之上又有小種，則以樹名為名，每株不過數兩，不可多得。洲茶名色有蓮心、白毫、紫毫、龍鬚、鳳尾、花香、蘭香、清香、奧香、選芽、漳芽、漳片等類。」

西元1753年，劉靖在《片刻餘閒集》中提到：「岩茶中最高者曰老樹小種，次則小種，次則小種工夫，次則工夫，次則工夫花香，次則花香……」

西元1845年，梁章鉅在《歸田瑣記》中說：「今城中州府官吏及富豪之家，竟尚武夷岩茶。最著者曰花香，其由花香等而上者曰小種而已。山中則以小種為常品，其等而上者曰名種，不可多得，即閩南、粵東所講的工夫茶，號稱名種者，實僅得小種也，又等而上之曰奇種，如雪梅、木瓜之類，即山中亦不可多得……」

西元1857年，施鴻保在《閩雜記》中稱：「名種最上，小種次之，花香又次之……」

西元1886年，郭柏蒼在《閩產錄異》中排列為奇種、名種、小種、次香、花香、種焙、揉焙、岩片等。

西元1921年，蔣叔南在《遊記》中提到：「以上奇種（指百年老樹）為優，次為奇種（包括烏龍、水仙），再次為茗種，最下者小種。其百年以上老樹又另立名目，價格昂貴，如大紅袍，其最上品也。」

中國建國以前，廖存仁分武夷岩茶為焙茶、名種、奇種、單叢、提叢五個花色。

1.焙茶：係由初乾後簸出之黃片加以篩分製成者。

2.名種：為洲茶製成之茶或半岩茶在製造上處理失當，或因氣候關係，不能製成預期之成品，色香味均欠佳者。

3.奇種：為正岩茶，色濃、香清、味醇，具岩茶之特徵。

4.單叢：細選自優異之菜茶，植於絕壁之上，崩陷隙縫之間，單獨採摘、焙製，不與別茶混合，以保持該茶優異之特徵，品質在奇種之上。

5.提叢：提自千百叢之單叢中之最優異者，採摘製造非常謹慎，如天心岩之「大紅袍」，慧苑岩之「白雞冠」，竹窠之「鐵羅漢」，蘭谷岩之「水金龜」，天井岩之「吊金鐘」。

林馥泉則比較詳細，分為名樅奇種、單樅奇種、頂上奇種、奇種、名種（小種）、焙茶（包括種米、種片）等七個花色。

二十世紀四十年代武夷岩茶分類

分類依據	類別
依栽培品種分	菜茶、水仙、烏龍、奇蘭、桃仁、鐵觀音、梅占、雪梨、黃金桂、肉桂

依製成茶分	
用菜茶製成的分	名叢——大紅袍、鐵羅漢、白雞冠、水金龜、 單叢奇種——冠以各種花名 奇種——頂上奇種、奇種 名種 種末（漳芽） 種片（漳片）
用各品種製成的分	烏龍、奇蘭、桃仁、梅占、雪梨、黃金桂、肉桂、水仙
依栽培地域分	大岩茶①中岩茶②半岩茶③洲茶④外山茶
依製茶時期分	首春茶、二春茶、夏暑茶、秋茶、洗山茶

註：

1. 本表係四十年代的分類。
2. 大岩茶亦稱正岩茶，產於武夷山慧苑坑、牛欄坑、大坑口、流香澗、悟源澗等地，號稱「三坑兩澗」。

3.中岩茶產於三坑兩澗以外和九曲溪一帶之岩山。

4.半岩產於丘陵地、星村、企山一帶。

5.洲茶產於崇陽溪和九曲溪側的沙洲地。

6.外山茶產於不屬於上述範圍和黃柏、洋莊、興田等地。

新中國成立之後，精粗製分開加工，武夷岩茶在五六十年代，則分為名叢、提叢、單叢、品種、岩水仙、洲水仙、外山水仙、岩奇種、洲奇種、外山青茶、焙茶、茶頭。做為商茶則除名叢、品種單獨加工成堆外，水仙分特級至四級。奇種分特級至四級，另加武夷粗茶、細茶、茶梗三種。

二十世紀七十年代樣價改革後，則分名岩名叢，普通名叢，品種各分三檔、水仙、奇種各分一～十一等，以及焙茶、茶頭。毛茶加工後分武夷級品若干號，水仙、奇種分特級至四級，另加粗茶、細茶、茶梗。

武夷岩茶名叢

武夷茶單株選育命名的工作，從宋代就已開始，郭柏蒼在《閩產錄異》中提到：「鐵羅漢，墜柳條，皆宋樹，又僅止一株，年產少許。」劉靖在《片刻餘閒集》中記敘：「天遊觀，觀前有老茶，盤根旋繞於水石間，每年發十數株，其葉肥厚稀疏，僅可得茶二三兩，名曰洞賓茶。」陸廷燦《續茶經》說：「五曲朱文公書院內，有茶一株，葉有臭蟲氣，及焙出時，香逾他樹，名叫臭葉香茶；又有老樹數株，云文公手植，名曰宋樹……」元代名叢有石乳，明代有白雞冠，清代則有不知春、肉桂、木瓜、素心蘭、老君眉、雪梅、紅梅、大紅袍、白桃仁等，清末民初則有水金龜。可見，武夷茶區的名叢選育工作由來已久，經數百年的積累，才有了極盛時期的「四大名叢」及不知春、金鎖匙、白瑞香、白牡丹等品種。

大紅袍

大紅袍係武夷岩茶之王，相傳在明末清初時就有採製，距今已有三百多年的歷史。

關於大紅袍母本所在地點，有不同的說法。蔣叔南在其《遊記》中說：「如大紅袍，其最上品也，每年所收天心寺不滿一斤。天遊觀亦十數兩爾。」說天心、天遊二岩都有大紅袍。再一處就是現在九龍窠刻石命名的大紅袍，這是寺僧怕遊人亂採真本，而在較難攀登的半崖上，求當時的縣長吳石仙於1927年所刻。林馥泉於二十世紀四十年代調查稱：「得寺僧信任，看到最後一棵大紅袍真本在九龍窠的岩腳下，樹根終年有

採摘大紅袍

養護大紅袍

水依岩壁涓涓而下，樹幹滿生苔蘚，樹極衰老。」第三處據說在北斗峰，據上世紀六十年代崇安茶場調查，在北斗峰採集得到大紅袍，命名為「北斗一號」。大紅袍的生長不只一處，現在以長在九龍窠懸崖上的四株為正宗。

關於大紅袍的命名也有兩種說法，一是說大紅袍生長於懸崖之上，每年採摘時節，需訓練猴子攀崖採摘，猴子們身著紅背心，因而得名。另一說為相傳唐代初年，有一個秀才進京趕考，路過武夷山，夜裡借宿在天心廟。半夜時分，秀才突然腹痛難忍，廟裡的住持急忙泡出一碗茶叫秀才喝下，秀才頓覺一身輕鬆。後來，秀才金榜題名，考取了狀元，衣錦還鄉，將紅袍披在了那棵解除他病痛的茶樹上。

現在，比較可信的說法是，大紅袍的嫩芽呈紫紅色，因而得名。

大紅袍枝幹較粗，分枝頗盛，葉深綠色，葉緣向上生長，光滑發亮，成茶香高味醇，岩韻極顯。其特異的品質得之於特殊的生長環境。大紅袍母樹生長於天心九龍窠的懸崖絕壁上，兩旁岩壁聳立，日照不長，溫度適宜，終年有涓涓細泉滋潤茶樹，由枯葉、苔蘚等植物腐爛形成的有機物，可以肥沃土壤，為茶樹補充營養，使其天賦不凡，品質超群。林文治曾說：「武夷的名勝古跡，大部分分佈在慧苑坑、牛欄坑和馬子坑，也是盛產名貴品種的地區。天心岩所處的地理位置，可說是全武夷茶區之中心，茶王大紅袍就是生長在九龍窠石崖上。九龍窠位於一個幽深的峽谷內，由九條石骨活似龍行而得名，石縫中涓涓澗水，山泉長年流穿附近之茶樹，才生得奇種。」二十世紀八十年代，大紅袍經人工繁育成功，無性繁殖的大紅袍保持了原有大紅袍的特質，經過二十多年的試製提高，其製作工藝日益精湛，無性繁衍的速度加快，現已批量上市。

2002年六月，中國國家質檢總局正式將武夷岩茶——大紅袍列為原產地域產品。至此，武夷岩茶——大紅袍和貴州茅臺、杭州龍井等著名品牌一樣，有了國際通用的「護身符」。

原產地域保護首先是一種法規，從制度的層面對武夷岩茶——大紅袍特定的內涵、特定的自然生態環境、特定的茶樹品種、特定的製作工藝等進行了確定。只有符合特定屬性，才能納入原產地域範疇。實行原產地域保護之後，武夷山是以極品大紅袍的標準和技術來規範要求所有的武夷岩茶。具有大致相同的立地條件、自然環境、傳統製作工藝，再加上嚴格的規範程序，武夷岩茶以此為契機，將邁向新的輝煌。

白雞冠

產於慧苑岩之外鬼洞中。相傳白雞冠早有於大紅袍。明代已有，當時有一知府攜眷往武夷，下榻武夷宮，其子忽染惡疾，腹漲如牛，醫藥無效，官憂之。其後有一寺僧端一小杯茗，啜之特佳，遂將所餘授病子，問其名，則為白雞冠也。後知府離山赴任，中途子病癒，及悟為茶之功，於是奏於帝，並商其僧索少許獻於帝，帝嚐之大悅，敕寺僧守株，年賜銀百兩粟四十石，每年封製以進，遂充御茶，至清亦然。後民國繼起，清帝遜位，白雞冠亦漸枯槁，好事者咸謂盡節以終。其後又從旁發芽生枝，現存者傳係其後代。當茶樹萌芽，幼葉初展之時，新梢薄軟如綢，色澤淺綠微黃，與樹上濃綠的老葉形成鮮明的兩層色，此為白雞冠名稱的由來。現已大量繁育成功。

半天夭

位於九龍窠中山三花岩之第三絕頂崖上，據說其地勢之險峻，為任何產茶地之冠。相傳此樹

白雞冠

非人所植，係由飛鳥從別處銜來茶籽，落地生根的。多年以來，任其自生自滅，也沒有被人發現。後來，有一個天心岩的樵夫從二花岩頂用繩索攀墜到此處砍柴，發現了這棵茶樹，於是回來報告了僧主。所以半天夭一直由天心岩採摘。後來到了清代，三花岩的業權轉屬漳州林奇苑所有，雙方發生糾紛，一度訴諸公庭，訴訟費耗費千餘金。據林馥泉調查半天夭素來未加管理，採摘時由於岩縫過於狹窄無法使用茶籃，需由採工身上掛一布袋扶梯而上，年採茶不過十二兩。

水金龜

樹產於牛欄坑杜葛寨半崖上。相傳此茶原係天心廟產，植於杜葛寨下，一日大雨傾盆，峰頂茶園兩岸崩塌，此茶被沖至牛欄坑頭之半岩凹處止住，水流從樹邊流過，於是蘭谷山主就在茶樹邊上砌起

母本水金龜

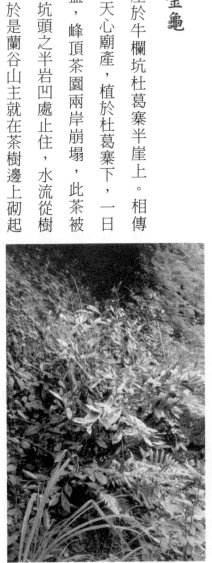

石臺，並填土蓄養，水金龜之名由此而來。後來，到了民國八九年間，磊石寺（當時蘭谷岩屬於磊石寺）與天心寺因為水金龜打起了官司，後公判說此樹並非由於人之盜竊，而係天然力所造成，判歸蘭谷所有。水金龜樹皮灰白色，枝條略彎曲，葉長圓形，翠綠色，有光澤，品質極佳。

武夷水仙

水仙種在光緒年間，移植武夷山後，在優異的自然環境下繁育種植，更顯其高產優質的品種特徵。武夷水仙係半喬木狀，樹勢高大，自然生長樹幅高五公尺左右，枝幹直立，主幹粗大。葉色濃綠富有光澤，葉面平滑，葉肉特厚。製成的成品茶外形壯實勻整，葉端扭曲，色澤油潤沙綠，呈「蜻蜓頭、青蛙腿」狀，水仙茶香氣濃郁芬芳，頗似蘭花香，滋味醇厚回甘，葉底厚軟黃亮，葉緣朱砂紅邊，即「三紅七青」。

武夷肉桂

肉桂茶樹，據記載，最早發現於武夷山慧苑岩。其樹型為灌木狀，枝條向上伸展而略披張，樹幅常在兩公尺以上。葉長橢圓。葉面光滑，色濃綠，葉尖鈍而有內缺，具有高產的特性。肉桂茶辛銳持久，桂皮香明顯，佳者帶奶油香，滋味醇厚回甘快，飲後齒頰留香，喉感潤滑。

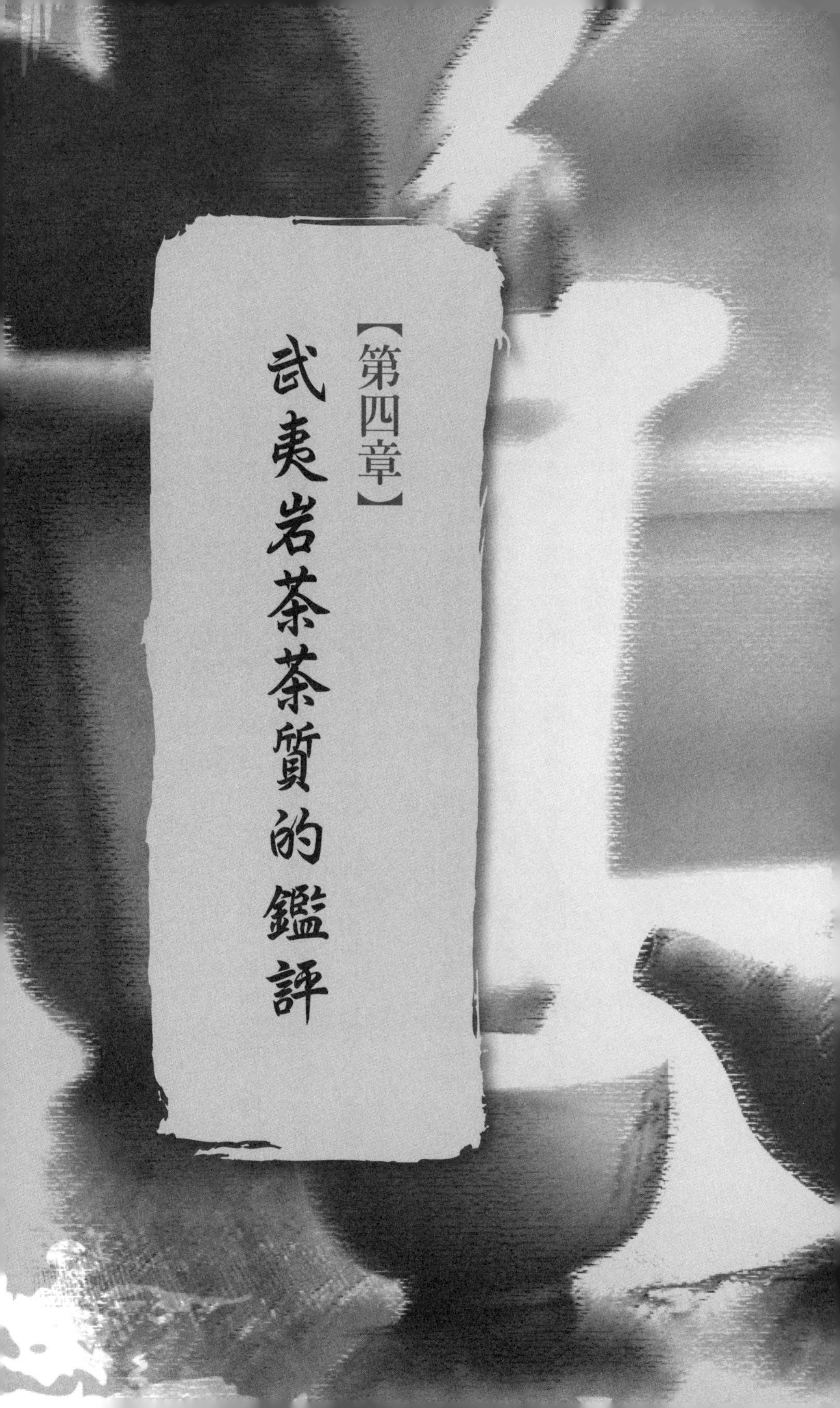

【第四章】武夷岩茶茶質的鑑評

武夷岩茶的總體品質特徵

武夷岩茶品質優異，出類拔萃，素以岩骨花香之「岩韻」著稱於世。據記載晚唐進士徐夤對武夷茶倍加讚賞，給武夷茶寫下了「臻山川精英秀氣所鍾，品具岩骨花香之勝」的評語，而所謂的「岩韻」即武夷岩茶具有獨特的神奇韻味，它使人心曠神怡，回味無窮，唯武夷岩茶所僅有。

武夷岩茶的品質特性總體概括為：成茶條形扭曲壯結，色澤綠褐鮮潤，葉面帶有似蛙皮狀的小白點。香生馥鬱，持久性長，具幽蘭之勝，銳者濃烈，幽者清遠。滋味醇厚，鮮滑回甘，喉韻清冽，快感舒適，齒頰留香。茶湯清澈明淨，呈金黃或橙黃色，葉底軟亮、葉緣朱紅，有「綠葉紅鑲邊」之說。

武夷岩茶的茶質鑑評

目前茶質主要是靠感官鑑評。

（一）環境

鑑評茶質首先要有一個採光明亮、空氣通暢、場地潔淨、環境安靜的場所。鑑評時要設乾評臺、濕評臺、樣櫃檯、樣茶盤，配齊審評臺、審評碗、葉底碗、湯杯、湯匙、吐茶筒、茶樣秤、燒水壺等等。

（二）步驟

鑑評茶質要嚴格按照步驟進行：先乾看外型，後濕評內質，再對樣定級。

通常論定茶葉品質之高下，以科學方法的審定多由如下各因素決定：茶師觀感因素：如形狀、色澤、滋味、水色及葉底等。茶葉物理的因素：如暗片、青片、黃片、夾

雜物之含量和茶葉比重及浮量等。茶葉化學的因素：如灰分、水分、水浸出物以及香油、單寧、茶素等重要成分之含量及其比例。

優良的岩茶製成品，必須具有如下之標準條件：

1．形狀：須質實量重，條索長短適中，緊緻稍細，唯水仙香味重，因屬大葉種，條索可略粗，但力求純淨，整齊美觀。

2．色澤：色須呈鮮明之綠褐色，俗稱為「寶色」，條索之表面，須呈蛙皮狀之小白點，此為揉撚適宜焙火適度之特點。

3．香氣：岩茶為半發酵茶，故須具有綠茶之清香與紅茶之熟氣，其香氣愈強愈佳，失此不能稱為佳品。

4．水色：岩茶水色一般呈深橙黃色，清澈鮮麗，以沖泡至第三、四次而水色仍不變淡者為貴。

5．滋味：岩茶之佳者，入口須有一股濃厚芬芳的氣味，入口過喉均感潤滑活性，初雖稍覺苦澀，過後則漸漸生津。

6．沖次：通常以能泡沖至五次以上，茶之原有氣味仍未變淡者為佳。

7．葉底：良好之茶葉，沖開水後，葉片易展開，且極柔軟。葉緣可見銀朱色；葉片中央之綠色部分，清澈淡綠，略帶黃色，葉脈淡黃。

在物理的因素方面，要求茶梗黃片、茶末含量、其他夾雜物越少越好，檢驗所含水分、水浸出物、香油、單寧、茶素等含量一定不能超出要求。

（三）感官指標

1.大紅袍產品感官指標

大紅袍乾茶

大紅袍茶湯

項目		要求
外形	條索	緊結、壯實、稍扭曲
	色澤	帶寶色或油潤
	整碎度	勻整
內質	香氣	銳、濃長或幽、清遠
	滋味	岩韻明顯、醇厚、回味甘爽、杯底有餘香
	湯色	清澈豔麗，呈深橙黃色
	葉底	葉底軟亮勻齊，紅邊或帶朱砂色

2. 名叢產品感官指標

項目		要求
外形	條索	緊結、壯實
	色澤	較帶寶色或油潤
	整碎度	勻整
內質	香氣	較銳、濃長或幽、清遠
	滋味	岩韻明顯、醇厚、回甘快、杯底有餘香
	湯色	清澈豔麗，呈深橙黃色
	葉底	葉底軟亮勻齊，紅邊或帶朱砂色

3.肉桂產品感官指標

肉桂乾茶

肉桂茶湯

項目		級別：特級	級別：一級	級別：二級
外形	條索	肥壯緊結、沉重	較肥壯結實、沉重	尚結實，捲曲、稍沉重
	色澤	油潤，砂綠明，紅點明顯	油潤，砂綠較明，紅點較明顯	烏潤，稍帶褐紅色或褐綠
	整碎	勻整	較勻整	尚勻整
	淨度	潔淨	較潔淨	尚潔淨

4. 水仙產品感官指標

內質			
香氣	滋味	湯色	葉底
濃郁持久，似有乳香或蜜桃香、或桂皮香	醇厚鮮爽、岩韻明顯	金黃清澈明亮	肥厚軟亮、勻齊紅邊明顯
清高幽長	醇厚尚鮮，岩韻明	橙黃清澈	軟亮勻齊，紅邊明顯
清香	醇和岩韻略顯	橙黃略深	紅邊欠勻

水仙乾茶

水仙茶湯

項目		級別			
		特級	一級	二級	三級
外形	條索	壯結	壯結	壯實	尚壯實
	色澤	油潤	尚油潤	稍帶褐色	褐色
	整碎	勻整	勻整	較勻整	尚勻整
	淨度	潔淨	潔淨	較潔淨	尚潔淨
內質	香氣	濃郁鮮銳、特徵明顯	清香特徵顯	尚清純、特徵尚顯	特徵稍顯
	滋味	濃爽鮮銳、品種特徵顯露、岩韻明顯	醇厚、品種特徵顯、岩韻明	較醇厚、品種特徵尚顯、岩韻尚明	濃厚、具品種特徵
	湯色	金黃清澈	金黃	橙黃稍深	深黃泛紅
	葉底	肥嫩軟亮、紅邊鮮豔	肥厚軟亮、紅邊明顯	軟亮、紅邊尚顯	軟亮、紅邊欠勻

5.奇種產品感官指標

項目		級別			
		特級	一級	二級	三級
外形	條索	緊結重實	結實	尚結實	尚壯實
	色澤	翠潤	油潤	尚油潤	尚潤
	整碎	勻整	勻整	較勻整	尚勻整
	淨度	潔淨	潔淨	較潔淨	尚潔淨
內質	香氣	清高	清純	尚濃	平正
	滋味	清醇甘爽、岩韻顯	尚醇厚、岩韻明	尚醇正	欠醇
	湯色	金黃清澈	較金黃清澈	金黃稍深	橙黃稍深
	葉底	軟亮勻齊、紅邊鮮豔	軟亮較勻齊、紅邊明顯	尚軟亮勻整	欠勻稍亮

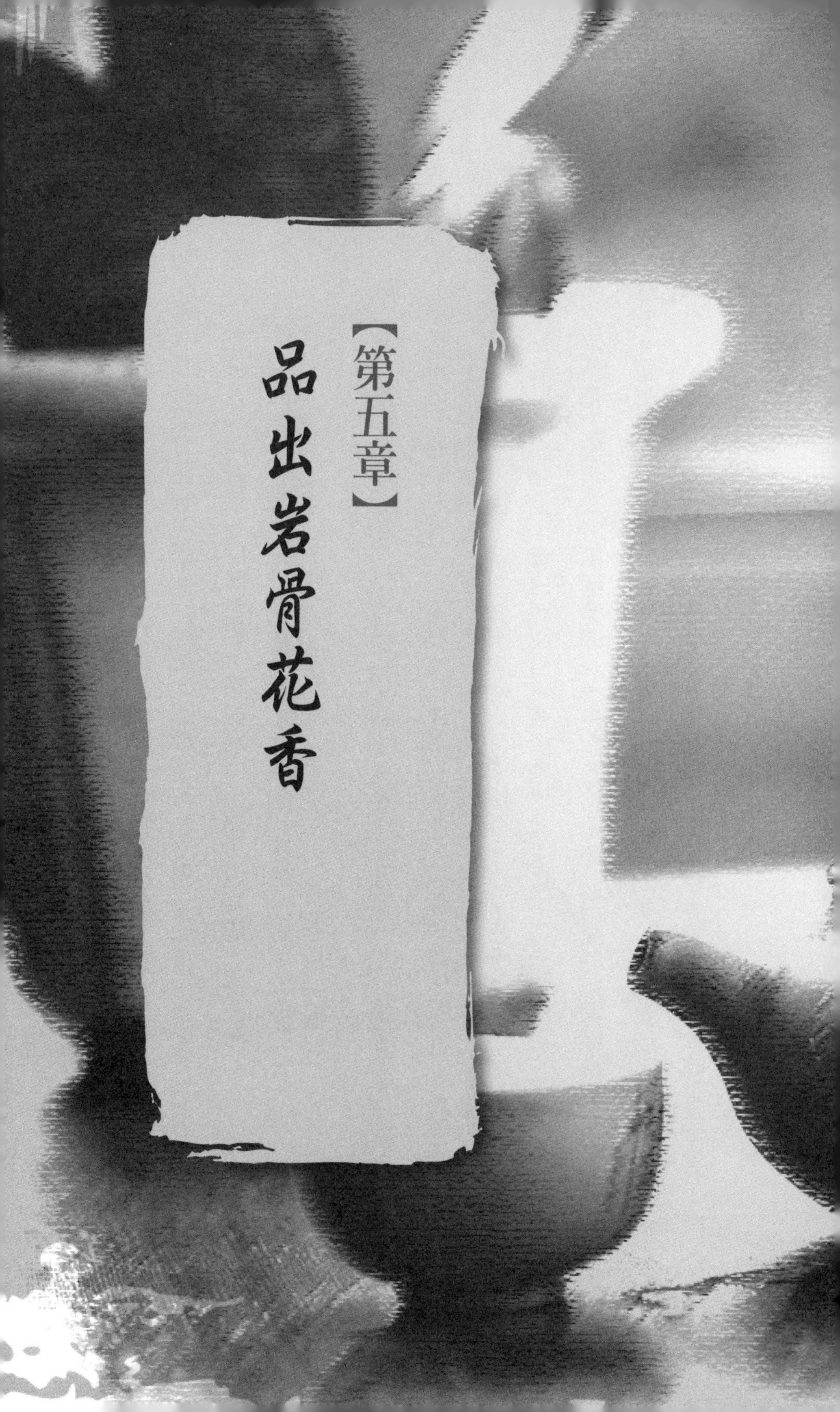

【第五章】品出岩骨花香

武夷岩茶品質優異，出類拔萃，素以岩骨花香之「岩韻」著稱於世。「臻山川精英秀氣所鍾，品具岩骨花香之勝」的評語，所讚美的「岩韻」就是指武夷岩茶所獨有的神奇韻味，它使人心曠神怡，回味無窮。正如前文所述，「岩韻」中蘊涵的是一種東方的意趣和情懷。品飲武夷岩茶是一件賞心悅目的雅事，是從古至今都備受推崇的一種高層次的精神享受。

始於唐、盛於宋的鬥茶，最早就出現在以出產貢茶聞名於世的福建建州茶鄉。宋人鬥茶，是將研細了的茶末放在茶盞裡，一邊用沸水沖，一邊用茶筅擊拂，直至盞中的茶呈懸浮狀，泛起的沫積結於盞沿四周。然後從兩個方面來決定勝負。一是湯色，指茶水的顏色。一般以純白為上，青白、灰白、黃白則等而下之。二是指湯花，指湯麵泛起的泡沫。決定湯花之優劣要看兩個標準：一是湯花的色澤，湯花的色澤標準與湯色的標準是一樣的。第二是湯花泛起後，水痕出現的早晚，早者為負，晚者為勝。計算勝負的術語叫「水」，說兩種茶的等次相差幾個等次就叫「相差幾水」。用今人的眼光來看，鬥茶更像是一種閒暇的遊戲，「品」的味道少了一些。

品飲的藝術

（一）環境

古人是十分講究品茶的環境的。明代文人徐渭曾說過：「茶宜精舍、雲林、竹灶、幽人雅士，寒宵兀坐松月下、花鳥間……」當然，在現代人看來，品一次茶，要同時具備他說的這些，幾乎是不可能的了。所以，從這個意義上說，古人比我們更接近自然的人性，享受著更為豐富的精神生活。他們經常能夠攜三兩好友，於綠水青山之間汲泉支灶，看清煙飄蕩，聞茶香嫋嫋，享受著與自然交融的樂趣，正如朱熹在《茶灶》一詩中說的「飲罷方舟去，茶

武夷山，水無處不在

煙嫋細香」，可謂言有盡而意無窮。

我們現在說品茶的環境，整潔清雅即可。如果你想在武夷山中一邊領略美景，一邊體驗綿長之岩韻，有兩處地點甚好。一是雨中在御茶園遺址處的茶樓上，周圍青山環抱，翠竹叢生，濛濛雨霧中的不遠處，載著遊人的竹筏靜靜地向下游漂去，偶爾只聽見竹篙擊打石頭發出的脆響。此時，來一杯真正的岩茶，心情會是多麼的安靜啊。另一處就在遇林亭窯址的小瀑布前，夏日的午後，坐於亭中，享受著徐徐而來的清風，再品一杯岩茶，是多麼愜意！

（二）心境

品茶即品人。武夷岩韻「香」、「清」、「甘」、「活」的四個境界，只有在品茶者平和、矜持的心境中才能領悟到，而這樣的心境，正是傳統茶德信奉的人與人之和美、人與社會之和靜、人與自然之和諧的體現。

（三）茶具

品茶當然要講究用具。連橫先生在《茗談》中說：「茗必武夷，壺必孟臣，杯必若琛，三者為品茶之要，非此不足自豪，且不足待客。」認為品飲武夷岩茶「壺必孟臣，杯必若琛」，孟臣壺，是泡茶的茶壺，以宜興生產的為貴。孟臣，明末清初宜興紫砂壺的製壺人，技藝高超，故以名之。若琛杯，是飲茶杯，為白瓷反口小瓷杯。若琛，清初人，以善製茶杯而出名，後人把名貴茶杯喻為若琛杯。紫砂壺素面素心，不會和茶葉發生化學反應，有良好的保味功能，且質地細密不易散熱，宜於保溫又不至燙手。久用之後，器身會越加光澤油亮，光滑古雅，茶味更加醇厚，不失為品茶之佳具。

不過品茶是一件非常個性化的事，當年袁枚在武夷山品茶時的器具就是「杯小如胡桃，壺小如香櫞」，也同樣讓他感到情趣盎然。有人喜歡用白瓷蓋碗加白瓷杯來沖泡武夷岩茶，用蓋碗便於聞香，白瓷則最能襯托岩茶金黃透亮之湯色，亦是不錯的選擇。

（四）水質

泡茶與水質有很大的關係。陸羽在《茶經》中就認為泡茶時以山溪泉水為上，河中之水為中，井中之水為下。古人泡茶很講究用水，明代許紓在《茶疏》中說：「精茗蘊香，借水而發，無水不可與論茶也。」水質能直接影響到茶質，如泡茶的水質不好，就不能正確反映茶的色、香、味，尤其對滋味的影響更大。明代張大復在《梅花草堂筆談》中說：「茶性必發於水，八分之茶，遇十分之水，茶亦十分矣；八分之水，試十分之茶，茶只八分耳。」

武夷山得造化之工，到處是溪流飛瀑、岩泉不絕，處處都能找到適於泡茶之水。明代文人吳拭在武夷山中隱居多年，這位嗜茶之人在《武夷雜記》中曾

山泉

對山中的泉水一一做了評點：「泉出南山者皆潔冽味短，隨啜隨盡，獨虎嘯岩語兒泉濃若停膏，瀉杯中鑑毛髮，味甘而博，啜之有軟順意。次則天柱三敲泉，而茶園喊泉又可以伯仲矣，餘無可述，聖水泉定是末腳。」「北山泉味迥別，蓋兩山形似而脈不同也。余攜茶具共訪，得三十九處。其最下者亦無硬冽氣質。小桃源一泉高地尺許，汲不可竭，謂之高泉，純遠而逸，致韻雙發，愈啜愈入，愈想愈深，不可以味名也。次則接筍之仙掌露，而仙掌碧高泉黛碧雖處亞，猶不居語兒泉之下。譬之茶高泉介也，仙掌虎丘也，語兒則松蘿帶脂粉氣矣。又次則碧宵洞丹泉元都觀寒岩泉，較之仙掌猶碧與黛耳。九星泉帶陰濕氣，雪花泉多沙石氣，人傳沖佑二龍井火食泉也，宋淳熙開山之盛莫逾武夷……」在他看來，武夷山泡茶的泉水，總體上說山南不及山北，而山北又以小桃源之高泉為最佳。

好茶的韻味，必要山中之水方可發之，這就解釋了為什麼許多遊客在武夷山喝到了岩韻十足的好茶，而拿回自家一泡，就味道全無。原來是水的緣故，建議用礦泉水來代替。

有了好水還要會煮，煮水最好用砂壺或銅壺，並用爐子和硬木炭。這樣煮出的水才沒有雜味。連橫先生說：「掃葉烹茶，詩中雅趣。若果以此茗，啜之欲嘔，蓋煮茗最忌煙，故必用炭。而台以相思炭為佳，炎而不爆，熱而耐久。如此電火、煤氣煮之，雖較易熟，終失泉味。東坡詩曰：『蟹眼已過魚眼生，颼颼欲作松風鳴。』此真能得煮泉之法。故欲學品茗，先學煮泉。」煮泉需煮沸，沖泡岩茶要用沸開之水，才能泡開。

（五）沖泡技巧

泡茶之前要洗淨茶壺、茶杯，然後用開水燙過。一是防異味，二是使器具更加潔淨。放茶的多少可隨各人的嗜好自定。將沸開水沖入，滿壺為止，然後用壺蓋刮去泡沫。蓋好後，用開水淋澆茶壺，既提高壺的溫度，又能洗淨壺的外表，約過一至二分鐘，茶方出味，方可斟品。斟頭道茶時，各杯先斟少許，然後均勻巡迴，喻為「關公巡城」，以避免濃淡不一。茶水剩少許時，則各杯點斟，喻為「韓信點兵」。獻茶時要講究禮節，朋輩對品時，應先敬長者，以茶待客時，則先賓後主。接受敬茶時，不必起身迎接，只要以食指、中指輕輕敲桌，如下跪狀。以免小杯不便雙手遞接和起座紛紛，擾亂靜寂的秩序。端茶時，宜用拇指和食指扶住杯身，中指托住杯底，既穩妥、又高雅，稱為「三龍護鼎」。

（六）武夷茶藝

品飲武夷岩茶，是一種高層次的精神享受。要嗅其味、看其色、品其味，最後還要觀其葉色。那種來自於大自然，融會了天、地、人之力的岩韻，需要品飲之人開放感官和心靈，才能有所體會。岩韻給人的味感特別醇厚，能長留舌本，回味持久深長。其香，自然形成於獨特的加工工藝過程，不同的品種表現出不同的特色。香氣銳則濃長，清則悠遠，馥鬱具幽蘭之勝。品飲時要細細體會其「香」、「清」、「甘」、「活」。「香」指茶香高低、長短、銳幽、濃淡以及品種所需的品種香。清而不俗，茶湯在口中有馥鬱芬芳之氣，飲後頰留香。「清」指清純不雜，清快舒適，茶湯、葉底清麗明亮。「甘」指回甘時間短而快捷，清爽甘潤。「活」指潤滑爽口，無滯澀感，喉韻清冽。最

後，還可以將所泡的茶葉放入清水中觀看葉色，好的岩茶會讓你看到葉色依舊鮮活，具有「綠葉紅鑲邊」的特徵。

品飲岩茶時，還可根據個人的喜好，備些鹹味的茶點，因為鹹食不會掩蓋茶味，不會影響品茶的效果。

近年來，武夷山茶葉界在借鑑和總結前人的基礎上，整理出了一套完整的集品茶、觀景、賞藝為一體的武夷茶藝。其程序有以下二十七道：

1.恭請上座。客人上座，侍茶者沏茶前備器到位。

2.焚香靜氣。焚點檀香，造就幽靜、平和的氣氛。

3.絲竹和鳴。輕播古典音樂，使品茶者進入品茶的精神境界。

4.葉嘉酬賓。出示武夷岩茶讓客人觀賞。葉嘉，宋蘇東坡用擬人手法撰寫《葉嘉傳》，以茶葉嘉美之意讚譽武夷山的茶葉。

5.活煮山泉。泡茶用山溪泉水為上，用活火煮到初沸為宜。

6.孟臣沐霖。即燙洗茶壺。孟臣是明代紫砂壺製作家，後人把名茶壺喻為孟臣。

7. 烏龍入宮。把烏龍茶放入紫砂壺內。

8. 懸壺高沖。把盛開水的長嘴壺提高沖水，高沖可使茶葉翻動。

9. 春風拂面。用壺蓋輕輕刮去表面白泡沫，使茶葉清新潔淨。

10. 重洗仙顏。用開水澆淋茶壺，既潔淨壺外表，又提高壺溫。借用了武夷山「重洗仙顏」的摩崖石刻。

11. 若琛出浴。即燙茶杯。若琛，清初人，以善製茶杯而出名，後人把名貴茶杯喻為若琛杯。

12. 遊山玩水。將茶壺底靠茶盤沿旋轉一圈，在餐巾布上吸乾壺底茶水，防止滴入杯中，意喻到武夷山遊山玩水巡遊全山。

13. 關公巡城。保持原閩南、粵東之工夫茶之程序名目，依次來回往各杯斟茶水。

14. 韓信點兵。保持原工夫茶之程序名目，壺中茶水剩少許後，往各杯點斟茶水。

15. 三龍護鼎。即用拇指、食指扶杯，中指頂杯，此法持杯既穩當又雅觀。

16. 鑑賞三色。認真觀看茶水在杯裡上、中、下的三種顏色。

17. 喜聞幽香。嗅聞武夷岩茶的香味。
18. 初品奇茗。觀色、聞香後開始品茶。
19. 再斟蘭芷。斟第二道茶。「蘭芷」泛指岩茶的香味。范仲淹有詩云「鬥茶香兮薄蘭芷」句。
20. 品啜甘露。細緻地品嚐岩茶。
21. 三斟石乳。斟第三道茶。「石乳」元代武夷御茶園之名茶。
22. 領略岩韻。慢慢地領悟岩茶的韻味。
23. 敬獻茶點。奉上品茶之點心，一般以鹹味為佳，因其不易掩蓋茶味。
24. 自斟慢飲。任客人自斟自飲，嚐用茶點，進一步領略品飲岩茶的情趣。
25. 欣賞歌舞。茶歌舞大多取材於武夷山民間題材。三五好友品茶，則可吟詩唱和。
26. 游龍戲水。選一條索緊緻的烏龍乾茶放入杯中，斟滿茶水，茶葉伸展浮動，彷彿游動的烏龍在戲水。
27. 盡杯謝茶。起身喝盡杯中之茶，以謝山人栽製佳茗的恩典。

茶禪一味

武夷山不僅是一座自然名山，更是一座文化名山。武夷山最早的居民是古代的閩越族人，他們留下的古代文明和神奇的墓葬形式「懸棺」給山水增添了濃濃的神祕色彩。它們與自然界的奇峰、危崖、密林、溪流、飛瀑，合成了一處充滿神祕感的所在。在人力還不足以解釋和戰勝自然的時代，這樣的地方吸引很多人來尋找心靈的寄託，也是不足為奇的。歷經千百年之後，這裡成為了一個儒、道、釋三家的融會之所。武夷山做為一座道教名山，早有定評。宋代劉斧的《武夷山記》就稱：「仙家有三十六洞天，武夷山乃第十六洞升真元化之天。」而佛教鼎盛之時，山中的寺廟竟達數百間。同時，武夷山還是一座理學名山，宋代著名的理學家朱熹在這裡形成了一個完整的、統治中國封建社會後期七百多年的思想體系。宋末元初的熊禾用這樣一副對聯加以概括：「宇宙間三十六名山，地未有武夷之勝；孔孟後千五百餘載，道未有如文公之尊。」這種濃郁的宗教和文化氛圍，對武夷岩茶的發展起到了很好的推動作用。可以這樣說，自古以來，

在山中修行的僧人、道士、隱者對武夷茶的栽種、採摘、製作、鑑評和傳播都做出了貢獻，並形成了獨特的品飲藝術。

（一）僧道對武夷茶的貢獻

武夷山歷來人口不多，山中所居多為僧人與道士。因茶葉性，能醒腦提神，適合僧尼坐禪時消除疲勞，激勵精神，阻止瞌睡，從而達到止息雜類、安靜沉思、「靜心」「自悟」之目的。茶香，能給人的心靈注入一種真正的藝術氣質。在歷史上，東晉時的僧侶飲茶，是為了使精神復甦，有助於坐禪修定，專心思維。唐代的僧人，和來訪者一起吃茶，在品味和鑑賞中產生靜謐的氣氛，令人冥想。陸羽《茶經》記載的煎茶法，就得之於與和尚的交遊。貫休的詩寫道：「青雲名士時相訪，茶煮西峰瀑布冰。」飲茶既是給身體補充水分，更能使心靈達到圓融之境。

習禪修道者不可不辨「清」與「濁」。禪家多吃茶，正在於水乃天下至清之物，茶又為水中至清之味，文人追求清雅的人品與情趣，便不可不吃茶，欲入禪體道，便更不

山中寺院

可不吃茶。

所以佛道歷來都宣導飲茶，而武夷山中的茶樹和茶園也多為寺院與道觀的私產。最早的好茶多出於僧道之手，元代的高興在武夷山的道觀裡品嚐過武夷茶之後，大有相見恨晚之感，便「羨芹思獻，始謀沖佑觀道士，採製作貢品」，之後才有了御茶園的設立。明代初期，因為黃山僧傳授的松蘿製法，寺院製茶出現了炒青綠茶，促進了武夷製茶技術和茶類的新發展。清初，僧人釋超全做《武夷茶歌》，對武夷茶的歷史、種植、管理、採、製、炒、焙、品諸方面都進行了吟唱，為後世武夷岩茶製作的雛形。茶質鑑評方面，在那段關於袁枚品飲武夷岩茶的記載中，讓他品到真正的岩茶、感嘆岩

茶遠過於其他，「頗有玉與水晶品格之不同，享天下盛名，真乃不忝」的人，也是當時的「僧眾道人」。道宗白玉蟾寫的那首《水調歌頭・詠茶》：「二月一番雨，昨夜一聲雷。槍旗爭展，建溪春色佔先魁。採取枝頭雀舌，帶露和煙碾碎，煉作紫金堆。碾破香無限，飛起綠塵埃。汲新泉，烹活火，試將來。放下兔毫甌子，滋味舌頭回，換取青州從事，戰勝睡魔百萬，夢不到陽臺。兩腋清風起，我欲上蓬萊。」將武夷茶從採摘、製作、品飲到最後的感受，描繪得栩栩如生。還有那位深夜在天遊觀與梁章鉅品茗論道，將岩韻歸納為「香」、「清」、「甘」、「活」四種境界的靜參道士，其對茶的深刻理解和充滿智慧的表達，數百年來仍然為大家所津津樂道。不說絕後，至少也是空前，因為梁章鉅說這樣的妙論可是連茶聖陸羽也說不出來的。

其實，普通人也好，僧人道士也罷，他們都在品茶之中尋找一樣相同的東西，那就是「和諧」。和諧，是世間萬物追求的極致。得到和諧，就能得到寧靜。

多年以前，我參加了在武夷山幔亭舉行的「無我茶會」，當時的《國際無我茶會碑祀》云：「無我茶會的精神，座位由抽籤決定無尊卑之分；奉茶到左，飲茶自右，無報償之心；超然接納四方之茶，無好惡之心；盡力將茶泡好，以求精進之心。」為此，「無我茗飲」就是每人自我泡茶四杯，三杯奉給左邊三位茶侶，一杯留給自己，人人泡茶，人人奉茶，不分彼此，天下一家。

茶道的根本精神就在「和敬清寂」這四個字。「和」就是平和、人和，地球上所有生命都以「和」為最高理想，它是永久不變的、任何時代都不會滅亡的真理。「敬」就是尊敬長輩，敬愛朋友和晚輩。「清」是指潔淨、幽靜，心平氣靜的境界。「寂」是茶道美學的最高境界，即閒寂、幽雅。「知己去慾，凝神沉思」之後達到的心滿意足的幽閒境界。

我們鑑賞岩韻，希望達到的，也就是這樣的境界。

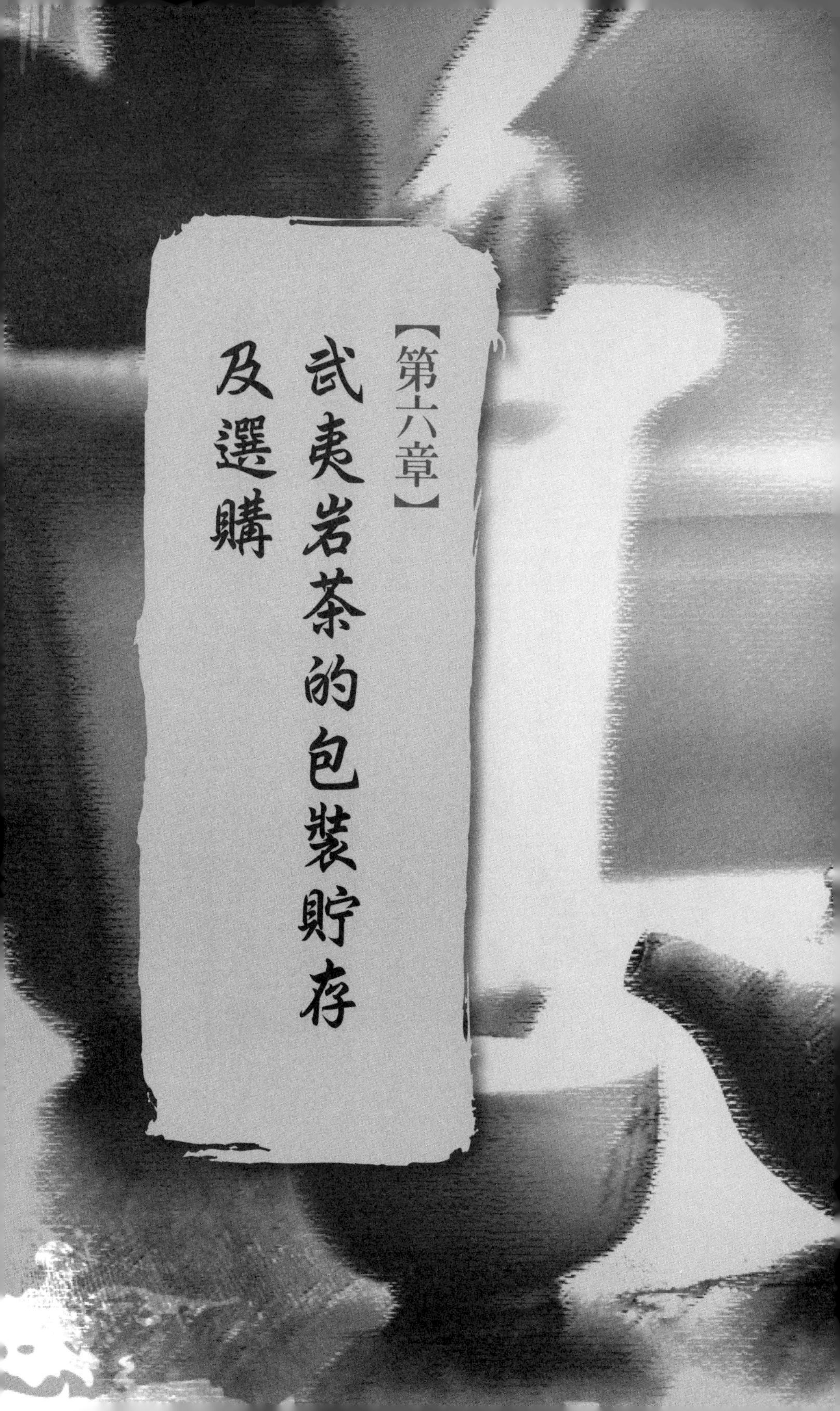

【第六章】武夷岩茶的包裝貯存及選購

武夷岩茶的包裝

武夷岩茶的傳統包裝，分為毛茶包裝與精茶包裝。毛茶包裝以輕便簡單、易於擔負和裝卸為準，通常分為：

袋裝。各地茶廠普遍採用，袋料多為白布，一般以四十市斤左右為宜。

簍裝。民國時期常以竹簍裝茶三十五～四十市斤，簍內以竹葉為套，再以油紙密封以防止潮濕和茶香外溢。

箱裝。多用於外銷茶，有木箱、鐵皮箱等。精茶包裝：轉運出口的內銷或外銷的茶葉，普通的用木箱，現代有用紙板箱，內套鉛罐、白鐵皮罐或精製軟盒。箱襯以錫，箱外標以商標。外銷箱茶外加包竹蔑以護茶箱，箱之種類分為「三五箱」和「二五箱」兩種，容量前者每箱為四十～六十市斤，後者每箱三十～四十市斤。紙板箱內裝重量不等。此外還有零裝，供零售或贈送，有小罐、小盒、系列盒等等。

武夷岩茶的貯存

影響茶葉品質的環境條件包括水分、溫度、氧氣和光線等，目前，武夷岩茶的包裝多採用複合薄膜，複合薄膜具有較強的氣體阻隔性，能防止水蒸氣的侵入和包裝袋內茶葉香氣的散逸，且加工性能良好，熱封方便，造型隨意，具有一定的機械強度和抗腐蝕能力，符合包裝食品的衛生標準，因而被廣泛使用。

大批量貯存武夷岩茶一般採用庫存法，盡量保持庫房較低的溫度和濕度，以防止茶葉變質。由於茶葉易吸收異味，家庭保存一般採用罐藏、袋藏等方法，盡量密封，以隔絕茶葉與空氣水分等的接觸。如方法得當，武夷岩茶適合長期保存。

武夷岩茶的選購

武夷岩茶是一種商品，是商品就要在市場上流通，學會鑑別和選購武夷岩茶，是維護消費者權益的一項重要舉措。做為一般的消費者，選購武夷岩茶主要靠感官品質審評來鑑別。感官品質審評分為乾看和濕看兩種，乾看要聞其香、觀其色、摸其形。武夷岩茶乾聞有香氣，既有清香又有熟香，凡夾有異味的品質一定不佳。然後是觀色，武夷岩茶色澤呈褐綠，且有光澤，也就是俗稱的「寶色」，茶之表面有蛙皮狀的小白點，如發現葉色混雜，可疑為假茶。手摸，武夷岩茶條索緊結，如觸感條索過於細長或寬圓，就可能不是武夷岩茶。濕看就是要將茶進行沖泡，嚐其味，觀察湯色和葉底的形狀，凡不具備前述的武夷岩茶的品質特徵的，即可疑為假茶。

另外，做為消費者，我們還應當學會分辨新茶和陳茶。新茶是指當年採製的茶葉，上一年或上幾年採製的茶葉稱為陳茶。對紅茶、綠茶、花茶、輕發酵烏龍茶、黃茶、白茶等茶類來說，以新為貴，也就是說應喝當年採製的新鮮茶。陳茶是因貯放過程中，內含有效成分發生理化變化，使茶葉有益成分下降，導致品質下降，產生陳味陳色。如外形色澤灰暗，茶梗枯脆容易折斷，斷處呈黑褐色；陳茶內質熱嗅有陳氣，無芳香，冷嗅香氣較低且帶沉濁。陳化的綠茶湯色泛紅，葉底黃暗不明；陳紅茶滋味淡薄，缺乏收斂性，湯色渾濁深暗，葉底較紅暗，不鮮豔。對於黑茶類如普洱茶、緊壓茶等則以陳為佳，且越陳越香、滋味越醇滑。區別新茶和陳茶，首先可從茶葉外觀色澤來辨別，新茶色澤油潤、有光澤、有鮮活感，陳茶外觀色澤顯暗，無光澤；其次可乾嗅一下茶香，新茶香氣充足，新的烏龍茶有烘焙香或稍有花香。保存不當的陳茶香氣低沉或帶酸氣，陳變嚴重的立即就能聞到明顯的陳氣。對茶葉是否為新茶存有疑問時，最好是沖泡後再來辨別，可以較明顯地區分。

武夷岩茶做為烏龍茶中發酵較重的茶，隔年品質仍然很好，且有存放多年不變質的特點。保存妥當的陳年武夷岩茶從外觀上看依然具有特殊的光澤，茶湯紅亮，滋味醇厚，別具風味。

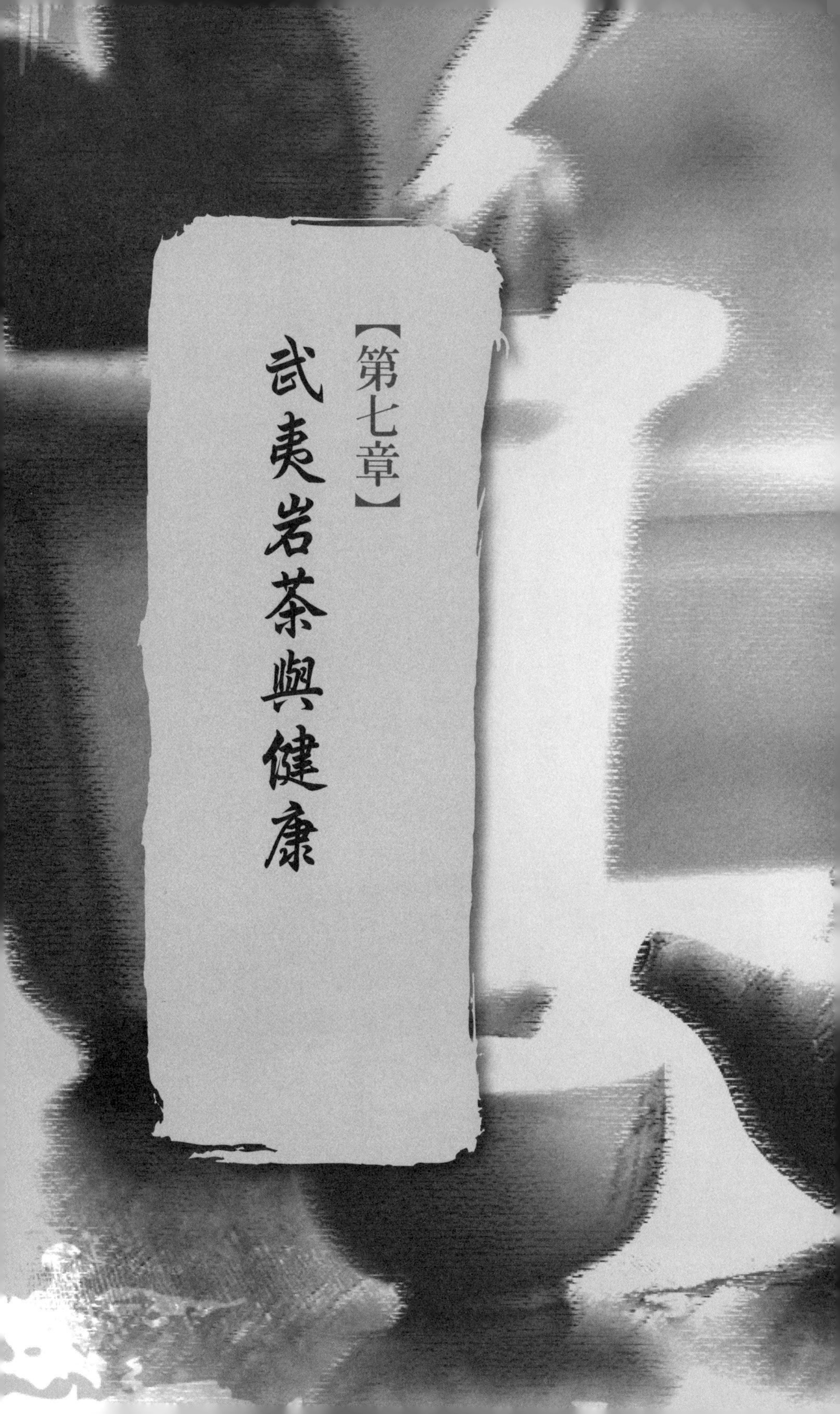

【第七章】武夷岩茶與健康

茶最早是做為藥用的。千百年來人們不僅用茶治療各種常見病，還用茶治療各種頑疾，所以說茶與人類的身體和健康有著密切的關係。茶的藥用功能，《神農本草》云：「茶味苦，飲之使人益思、少臥、輕身、明目。」《茶經》中說：「茶為之用，味至寒，為飲至宜。精行簡德之人，若熱渴凝悶、腦痛目澀、四肢煩、百節不舒，聊四五啜，與醍醐甘露抗衡也。」唐代的劉亮貞把飲茶的好處概括為「十德」：以茶散鬱氣，以茶驅睡氣，以茶養生氣，以茶除病氣，以茶利禮讓，以茶表敬意，以茶嘗滋味，以茶養身體，以茶可得道，以茶可雅志。揭示了飲茶與健康、修身的關係。這些說法，在今天也為現代科

茶亭

學證明是基本正確的。

武夷岩茶的保健功能

關於武夷岩茶具有藥用價值的記載很多，廣為流傳的關於「大紅袍」由來的傳說就是因為它具有神奇的藥效，最終才獲得紅袍披身的殊榮。據說在武夷岩茶的鼎盛時期，其身價貴比黃金，有人求之不得，甚至用包茶的紙來入藥。《本草綱目補遺》中說：「武夷茶色墨而味酸，最消食下氣，醒脾解酒。」單杜可說：「諸茶皆性寒，胃弱食之皆停飲，唯武夷茶性溫不傷胃，凡茶癖停飲者宜之。」《救生苦海》中說：「烏梅肉、武夷茶、乾薑為丸服之，治休息痢。」其實，由於茶葉品種不同、炒製技術不同，因而產生特殊的化學成分並適於治療某種疾病，這是完全可能的。

究竟喝茶有什麼好處？首先我們要瞭解一下茶葉的成分。茶的鮮葉中含有75％～

80%的水分，乾物質含量為20%~25%。乾物質中包含了成百上千種化合物，大致可分為蛋白質、茶多酚、生物鹼、氨基酸、碳水化合物、礦物質、維生素、色素、脂肪和芳香物質等。其中健康功能最重要、含量也很高的成分是茶多酚。與其他植物相比，茶樹中含量較高的成分有咖啡鹼、礦物質中的鉀、氟、鋁等，以及維生素中的維生素C和E。茶葉中的氨基酸還包含一種在其他生物中所沒有的氨基酸茶氨酸。正是這些成分形成了茶葉的色、香、味，並使茶葉具有了營養和保健功能。武夷岩茶「臻山川精英秀氣所鍾」，含有人體必需的多種維生素、礦物質、氨基酸及少量的蛋白質和脂肪，此外，武夷岩茶還含有多種化學元素和咖啡鹼、茶多酚等，具有醒心、明目、健神、消愁、止渴、殺菌、去垢、利尿、消化、止痢、解暑、醒酒、降壓、減肥、抗輻射、防癌、延緩衰老等功能。

降脂減肥

《神農本草》一書在二千多年前已提及茶的減肥作用：「久服安心益氣……輕身而

老。」唐代陳藏器在《本草拾遺》中也提到：「久飲令人瘦，去人脂。」現代科學的進步，為我們揭示了茶可以降脂減肥的原因。飲茶能降低血液中的血脂及膽固醇，令身體變得輕盈。這是由茶裡的酚類衍生物、芳香類物、氨基酸類物質、嘌呤堿類物質維生素類物質綜合協調的結果，特別是茶多酚與維生素C的綜合作用，能夠促進脂肪氧化，幫助消化、降脂減肥。

防癌

時下的健康觀念是預防重於治療。茶葉所含的成分——茶多酚和咖啡鹼，兩者所產生的綜合作用，除了起到提神、養神的作用之外，還能提高人體免疫力。茶葉中的茶多酚、維生素C、維生素E等化學成分對致癌物亞硝胺的形成具有抑制作用。實驗證明，機體攝入致癌物質後，給予高劑量的烏龍茶提取物，有比較滿意的抗癌效果。茶葉不僅對消化系統有抑制癌症的功效，而且對皮膚癌、肺癌、肝癌也有一定的抑制作用。

保健

醫學研究表明，茶多酚除了能降低血液中膽固醇和三酸甘油脂的含量，還能增強微血管的韌性和彈性，這對防治高血壓及心血管等中、老年疾病，極其有利。茶葉對人體的抗衰老作用主要體現在若干有效的化學成分和多種維生素的協調作用，能起到增強免疫力效果，達到益壽延年的目的。

武夷岩茶與精神健康

如今，我們正處在一個飛速發展的時代，社會的急遽變動與轉型，極大地加重了人們的精神負擔和思想壓力。人們奔波不息，倍感疲乏，精神疾患和各種心理障礙的高發，已經成為現代社會的一大頑疾，引起了極大的關注和擔憂。

人們發現，飲茶、品茶能以一種慢節奏的方式舒緩神經，並能以一種隨時隨地都可行的方式引導我們修身養性。天人合一，是中國人的專利。喝茶，可以把物質喝出精神，也可以把生命品入自然。品茶，能讓人達到內在的平和狀態、閒適的生命狀態。

別具風格的武夷茶藝，不僅成為人們日常生活的一部分，更成為人們精神生活的一部分，領略武夷岩茶高雅的「岩韻」帶給人的是更高層次的精神享受，可謂：「瓦屋紙窗，佳茗清泉，若得半日之閒，可抵十年塵夢！」我們現代人其實缺少的不僅僅是物質意義上的、也有精神意義上的「藥」，今天我們來談武夷岩茶與健康的關係，這後一種意義上的價值也是同樣珍貴的。

【第八章】

武夷失落的明珠——正山小種紅茶

說起紅茶，很多人會想到超市貨架上的英國「立頓」紅茶，我也曾在肯德基喝過那樣的紅茶，生於世界紅茶的原產地，卻要喝由我們中國大陸提供原料再返銷到中國來的所謂英國的「名茶」，做為一個武夷山的茶人，感覺有些失落。所以，在這裡將正山小種紅茶單列一節，為的是讓更多的人瞭解這被我們許多人遺忘了的國粹。

發源地：桐木關

正山小種紅茶的產地在桐木關，位於現在的武夷山自然保護區內。武夷山自然保護區位於武夷山、建陽、光澤三縣的結合部，是一個綜合性、

武夷山自然保護區

多學科的森林生態類型的自然保護區。被譽為「昆蟲世界」、「鳥的天堂」、「蛇的王國」、「世界生物模式標本的產地」，是被聯合國列入《人與生物圈保護計劃》的世界生物圈保護區。具有極豐富的動植物資源和極特殊的氣候、地理條件。一份上世紀四十年代的茶葉報告裡這樣描述了桐木關：「桐木關位於崇安縣西部，西鄰江西，與光澤縣之崩山及鉛山縣之王比村相接，均屬仙霞山脈，南經黃坑通建陽，西南可達邵武，東接星村。交通方面，以崗巒重疊，嶺路崎嶇，非慣走此山者，多興行路難之感。沿途自大王宮以上崇山峻嶺，聳高無際，小道傍山臨溪，人跡罕至，苔蘚滋生，其間有蜿蜒半山之間者，俯視深澗，約數十丈。溪流則窄狹多灘，不能通航，水聲潺潺，終年不息。山間密佈森林，中以野生闊葉樹為最多，運輸不便殊少砍伐。飛禽走獸生活其間者極多，溪中多產羅漢魚，春夏之交，溯溪而上，歷歷可見。該山以氣候關係，除產茶外，茶農鮮種稻麥，甚至蔬菜亦極僅見。一年之間，雨量極足，早晨則雲霧籠罩，陽光照射時間較短，土壤大部為植質壤土或砂壤土，排水情形尚佳，為天然之宜茶環境。『正山小種』所以能獨負盛名者，以得天獨厚也。」其中對桐木關自然生態及產茶情形的描繪，

可以為我們探詢正山小種紅茶興盛時期的桐木關的狀況提供一些參考。

特殊的採製工藝

小種紅茶是一種全發酵茶，它的出現，體現了武夷山茶人的創新意識。武夷茶在經歷了明代的衰微之後，又於清代創製了小種紅茶，不但帶動了武夷茶的興盛，而且還走向世界，將東方文明帶到了西方，創造了新的輝煌。

正山小種紅茶是一種煙燻的條形茶，在製造的過程中用煙燻來乾燥，所用的燃料是松木，所以使茶葉吸收了大量的松煙，形、色、香、味別具一格：條索肥壯、緊結圓直、色澤烏潤、湯水濃厚，無苦澀味，葉底紅亮開展，具有松煙和桂圓湯的香味。後來外地也開始仿製，為了區別，將原產於桐木關的稱為「正山小種」或「星村小種」，外地所產稱為「外山小種」或「人工小種」。正山小種主要產於桐木關一帶的三港、龍渡、皮坑、廟灣、石板坑等地；在曹墩、星村等地，則有高山茶、矮山茶之分。

特殊的製法：

1. 採摘：桐木關一帶海拔在三千～五千公尺之間，地勢高峻，日照不強，氣候寒冷，故採茶期較遲，每年均在立夏小滿間，嫩葉展開至四五葉時方開始採摘。

2. 萎凋：晴天利用室外日光萎凋，將採下之茶青，經抖鬆後，攤在曬穀之竹簾上，厚兩三寸，經二三十分鐘翻動一次，歷二三小時，待茶青失去光澤柔軟握擢不斷時即可。凡遇陰雨天，則行室內萎凋，俗稱「烘青」。各廠均有烘青設備，其烘青設備與方法與岩茶相若。烘青間為上下兩層，其二層之樓板，係用細長木條所編，每條間隔約兩寸，樓板下約距一尺處懸有竹竿之吊架，以烘焙時安置水篩之用，樓板上鋪以曬穀竹簾，茶青攤在簾上，厚一至三寸，樓下燃燒松木於地上，松木分二三堆，借求火力上達之平均。燒時關閉門戶，以免熱氣散失。溫度約在25～30℃間，每隔十數分鐘，需翻動茶青一次，至完全達到萎凋程度時為止。

3. **揉撚**：在房屋內靠壁之地面，用泥土築成長方形之土坑，闊約兩尺半，後高（靠壁處）二尺，前高五寸，成25度至30度斜面，中挖成鍋形。一列兩個至四五個，將鐵鍋置上，另在壁上架橫竹一條，高約與胸平，將適量之萎凋葉，約二十斤，倒入鍋中，雙手握住橫竹，兩足在鍋中用力揉轉，先輕慢而後重快，至茶汁流出時，行第一次解塊，抖鬆後，復行揉撚，經二三次之解塊，至葉身捲起，茶汁黏膩而稍帶香味時即可。此項揉撚工作，亦由採工擔任，通常在夜間舉行，至深夜方能完畢。

4. **發酵**：將揉好之茶葉，裝入竹簍或木箱內，上蓋麻袋或厚布，並用力壓緊，置於近火處，如烘青樓上或灶上，使溫度增高，促進發酵作用。約經過六至八小時葉面呈紅褐色無青味而有清香時，即可取出。

5. **炒鍋**：利用燒飯的鐵鍋，先以磚塊或瓦片磨去油垢，灶中燒以烈火，使溫度至於沸點以上，然後將發酵適度之葉，傾入鍋中，以兩手翻攪，動作需敏捷，經一、二分鐘，葉身變軟時，即可起鍋。此項工作較難，非一般工人所能勝任。亦有不經此項炒鍋程序而直接行烘焙者。

6. **烘焙**：將炒過之葉，均攤於水篩上，以薄為佳，不可厚過三寸，然後將水篩置於烘青間樓下之竹竿吊架上，下燒松木，與烘青時同，同時亦可烘青。所用燃燒松木，多未乾，燒時有煙，故小種茶有松煙氣，此亦即小種茶之特徵。在烘乾時，需翻動一二次至八九成乾即可取出。

7. **篩分**：篩分所經之程序與精製相若，較為簡單。普通只經一至四篩，分出一、二、三、四，四號茶，並簸去輕片及粉末，不經其他做片等步驟。

8. **揀剔**：將篩分過之茶葉，按各號依次揀剔，揀去粗大片及梗。

9. **複火**：將揀好的各號茶葉，置於焙籠上，用炭火烘焙，火力不可太大，烘至火味足時取出。

10. **均堆**：經過複火後的各號茶葉，分層堆上，再由縱面耙下，裝入簍。簍用竹片及箬葉所編，行如酒缸，內襯毛邊紙，每簍可裝茶百斤，面上再覆以紙封條，將蓋蓋上。即可出售與秤手，由秤手自行雇工，挑到茶號精製。

征服西方人的味蕾

中國的茶葉輸出，從宋、元到明初都有「茶禁」，規定「銖兩不得出關」、「載建茶出海者斬」，限制了茶的傳播。後來鄭和下西洋，攜帶了包括武夷茶在內的許多名貴茶葉做為禮物，武夷茶才走出了國門，外銷漸盛。明神宗萬曆三十五年（1607年），荷蘭東印度公司開始收購武夷茶，經爪哇輸往歐洲。很快，茶葉竟發展成為歐洲人日常必需的飲品，並「以武夷茶為中國茶之總稱。……且鋟鋟乎由域中而流行海外，武夷遂闢一新紀元矣！」（民國《崇安縣新志》）

明末清初，茶禁鬆弛，朝廷允許百姓貿易，武夷茶的出口大量增加。在海路還未暢通之前，陸路上則出現了有山西商人組成的茶幫，專赴武夷山採辦茶葉運銷關外，據

素蘭號茶莊的收茶憑據

《常氏莊園儒商文化書系．榆次車輞常氏家族》記載：乾隆二十年（1755年）時，清政府限制俄商赴京貿易，中俄貿易統歸恰克圖一處，一時恰克圖成為我國對外貿易的「陸上碼頭」，榆次車輞常氏審時度勢，抓商機，一反過去由貨主送貨上門的做法，為保證茶葉品質，講求出品茶葉信譽，常家在晉商中是首先採取茶葉收購、加工、販運為經營體系的創新經營者，常氏攜帶雄厚資金，在福建省武夷山購買茶山，組織茶葉生產，同時在崇安縣的下梅村設茶莊，精選收購當地茶葉，在下梅村的蘆下巷景隆宅、新街巷、羅厝坊都設茶焙坊、茶庫，雇傭當地茶工幫做。還將散茶精製加工成紅茶、烏龍茶、磚茶，每年茶期，把下梅收購精製後的茶葉，通過梅溪水路匯運至崇安縣城，驗押之後，雇用當地工匠達千餘人，用車馬將武夷山茶運至江西河口（現在的沿山縣）。再由船幫改為水運至漢口，達襄樊，轉唐河，北上至河南社旗鎮，爾後用馬幫馱北上，經洛陽，過黃河，越太行，經晉城、長治，出祁縣子洪口，再於魯村換畜力大車北上，經太原、大同，至張家口、歸化，再換駱駝至庫侖、恰克圖。從武夷山的下梅茶市起步，到中俄貿易城恰克圖，全程是七千餘里。這就是著名的中國「茶葉絲綢之路」。在漫漫的西部

茶葉絲綢之路

商路上，常氏擁有了自己雄厚的運力——具備了一千多峰駱駝運商品，足見其資本的強大。據《山西外貿志》記載，這條商路上車幫、馬幫、駝幫絡繹不絕，蔚為大觀。

常氏家族也因為這種財取天下的抱負和氣概，成為了富甲海內的晉商巨賈、中國對外貿易第一世家。他們深謀遠慮，居富思危，代代恪守「學而優則賈」的家訓，課子苦讀，家學深厚，人才輩出，數百年長盛不衰。其不惜工本營造的精神家園——常家莊園，佔地六十萬平方公尺，融儒家的秩序和道家的浪漫於一爐，集北方的厚重與南方靈秀之精粹，神工鬼斧，造化天成，空靈飄逸，文雅脫俗，雕飾精美，意蘊博大，是一座可居、可讀、可修、可思、可賞、可遊、可悅、可詠的「八可」莊園。被人稱做「民間故宮」，也從一個側面反映了武夷山茶葉貿易鼎盛時期的輝煌。

晉商常氏入閩進下梅茶市採購茶葉，也給下梅經營茶葉的商賈鄒氏帶來了商機，鄒氏亦有奔赴外地創業的信心，隨晉商奔赴西部經營茶葉的就有鄒氏。鄒氏在山西榆次，還教當地常氏開闢山地栽種茶葉，所育茶苗之法，全部是從武夷山下的崇安帶去的。但由於氣候因素，未能形成規模。新茶尚未上市時，鄒氏在山西躉足茶葉，在貨缺時拋售，大賺盈利。鄒氏在與山西人的交易中，也學到了晉商的經商之道，經營紅茶起家，資本發展至百萬。

當時的下梅和星村，都是重要的茶葉轉運中心。據《崇安縣新志》記載：「清初，武夷茶市在下梅，道咸間，下梅廢而赤石興。而後星村又成為茶行萃聚的茶市。紅茶、青茶由山西客至縣採辦，運往關外銷售。」

十八世紀末，「茶葉絲綢之路」進入了鼎盛時期，有力地帶動了沿途其他各類商品的交易，促進了中歐經濟的交流。

與此同時，武夷茶也通過海路進入了歐洲的上層社會，品嚐武夷茶成為王公貴族競相追逐的一大樂事。連大詩人拜倫的詩歌裡都出現了：「我一定要去求助於武夷紅茶」的句子。英國人迅速地將茶當作貴族社會的一種生活標誌。余秋雨在他的《西方茶語》中寫道：「當初英國貴族請人喝茶，全由女主人一人掌管，是女主人顯示身分、權力、財富及風雅的機會。她神祕地捧出了那個盒子，打開盒子的鑰匙只有一把，就掌握在她一人手中，於是當眾打開，引起大家一陣驚嘆。杯盞早就準備好了，招呼僕人上水。但僕人只有提水的份，與茶葉有關的事，都必須由女主人親自整治。中國泡茶有時把茶葉放在茶壺裡，有時則把茶葉分放在每人的茶杯裡，讓客人欣賞綠芽褐葉在水裡飄盪浸潤的鮮活樣子。英國當時全用茶壺，一次次注水，一次次加水，一次次傾注，一次次道謝，一次次煞有介事地點頭稱讚，終於，傾注出來的茶水已經完全無色無味。到此事情還沒有完。女主人打開茶壺蓋，用一個漂亮的金屬夾子把喝乾淨了的茶葉——中國說法也叫茶渣吧——小心翼翼地夾出來，一點點平均地分給每一位客人。客人如獲至寶，珍惜地把茶渣放在麵包片上，塗一點黃油大口吃下。」「他們這樣喝茶，如果被陸羽他們看到，真會瞠目結舌。既不是中國下流社會的解渴，也不是中國上層社會的詩意，倒成了一種誇張地顯示尊貴的儀式，連那茶渣也雞犬升天。」

《崇安縣新志》裡說：「英吉利人云，武夷茶色紅如瑪瑙，質之佳過錫蘭、印度甚遠，凡以武夷茶待客者，客必起立致敬，其為外人所重視如此……」為了滿足貴族們對武夷茶的偏愛，英國有關部門規定，載運進口貨物的船隻，每船必須載有七分之一的武夷茶。荷蘭當局則規定：高級茶要先用白金器皿分裝之後再裝箱，以免中途破損受潮黴變。茶商對武夷名叢，更是傾慕不已，甚至指株索購：「茶之至美者名為『不知春』，在武夷天佑岩下，僅一樹，每歲廣東洋商預以金訂此樹，自春前至四月，皆有人守之……」（見《寒秀堂筆記》）「武夷之茶不脛而走四方，歲運番船，通之外夷。」（見《歸田瑣記》）

十八世紀中葉，武夷茶進入美洲。1784年，紐約和費城的商人集資十二萬裝備了載重三百六十噸的「中國皇后」號商船，首航廣州，購得紅茶兩千四百六十擔，綠茶五百六十擔，運到紐約後全部以紅茶之名出售，一時炒起了「中國茶」的熱潮。1800年

後，美國開始輸入價格較高的正山小種紅茶；1810年，美商進口紅茶與綠茶的數量相等，此後，美國便大量運銷中國茶葉。而小種紅茶最受美國人的歡迎。

武夷茶對歐美的影響，還滲透到了文化的層面。在英語中，「武夷」的音譯「Bohea」的譯義就是中國紅茶。1763年，瑞典植物學家林奈在《植物種類》一書中分世界的茶為兩種，其一即為Var Bohea（武夷變種）。歐美的科學工作者研究武夷岩茶，從中分離出一種沒食子酸混合物也以武夷命名，稱之為「武夷酸」（Acid Bohea）。茶葉輸出歐美之初，閩南是武夷茶的主要集散地，而茶葉的學名以及英、法、德、荷、俄等語系中茶的名稱，都是由廈門方言中的「茶」轉譯而成的。

武夷茶，改變和征服了西方人的味蕾，影響了西方的文明，但也正因為如此，她成為中國近代史一曲悲歌的前奏。

從中國購買茶葉需要大量的金錢，對他們覬覦已久的武夷茶，殖民者先是想到了在中國的鄰國種植茶葉的辦法。1843年，東印度公司為了挽回巨大的貿易逆差，成立了茶葉委員會，研究中國茶葉在印度種植的可能性。由於當時的清廷禁止外國人遊歷內地，該會祕書戈登喬裝潛入中國，並設法在武夷山購買了大批茶籽，並於1835年初運往加爾各答，育成四萬兩千株茶苗，分別植於阿薩姆、古門、臺拉屯等地。後又聘請中國茶師於1838年仿武夷茶的加工工藝，製成了第一批成品茶共八箱運往倫敦，英國朝野為之轟動，同時也奠定了現今世界產茶大國印度的茶業基礎。後來，茶樹又輸入了斯里蘭卡，成為這個世界第三產茶大國的茶葉之祖。英國殖民者為了降低成本，便於機械化操作，將武夷茶的加工工藝加以簡化，形成了現在世界上較為普及的紅茶加工工藝。

鴉片戰爭前夕，時任兩江總督的梁章鉅曾感嘆說：「該夷所必須者，中國之茶葉，而崇安所產，尤為該夷所醉心。」為了得到武夷山的茶葉，殖民者還生產鴉片，傾銷中國，用輸入毒品的錢來換取茶葉，「不費銀圓而可大量取得中國茶，以毒換利，成為鴉片戰爭的導火索。」林則徐虎門硝煙的熊熊烈火，令殖民者惱羞成怒，終於於1840年發動了侵略戰爭。

帝國主義的堅船利炮轟開了清廷的大門，武夷茶成了英美商人大肆掠奪的對象。由

於受到五口通商的衝擊，北上的「茶葉絲綢之路」被新的海上「茶之路」所替代，經營武夷茶的山西幫解體，廣、潮、漳、泉、廈等茶幫興起。

此時，紅茶自身的製法也發生了變化。早在十八世紀中葉，武夷小種紅茶的製法就不脛而走，傳遍了福建。咸豐年間，福安坦洋村的胡姓茶農在小種紅茶的製法上加以改進、簡化，創製成功了坦洋工夫紅茶，遠銷歐洲，頗受歡迎，年出口量均在一萬擔以上，極盛時期有三萬擔（1898年）。臨近的福鼎、政和也相繼仿效，改製作工夫紅茶。政和工夫紅茶最盛年代有一百多家茶號，大量生產工夫紅茶出口，年產量也達一萬多擔。在國際市場上逐漸取代小種紅茶，1876年，工夫紅茶製法傳到安徽祁門，其研製成功的祁門紅茶以其品質超過閩紅，亦揚名於國際市場。在崇安本地，武夷岩茶的鋒芒也逐漸蓋過了正山小種紅茶。以至於到現在，人們是只知武夷岩茶，而不聞正山小種之名了。

「江山代有才人出，各領風騷數百年」，舊事物總是不斷被新生事物所取代，這是一條普遍規律，對人對事，莫不如此。當武夷山的正山小種紅茶以東方文明使者的身份，穿梭於西方上流社會的舞臺時，她想要征服的只是西方人的味蕾，她想要傳遞的，是東方古國清靜謙和的氣質。但是，武夷茶——這所謂的「天產」，依附於一個千瘡百孔、積貧積弱的沒落帝國，總是難逃遭劫、遭掠的命運。

如今，中國已不再是當年那個可以任人宰割的弱國，不同文明之間的對話與交流也已經成為時代發展的主流。

盛世太平，桐木關依然是武夷山最美麗的腹地，處處草木蔥蘢，鳥語花香。山水依舊，紅茶飄香。讓我們都來品一杯這藏於大山深處的琥珀色的芬芳吧。

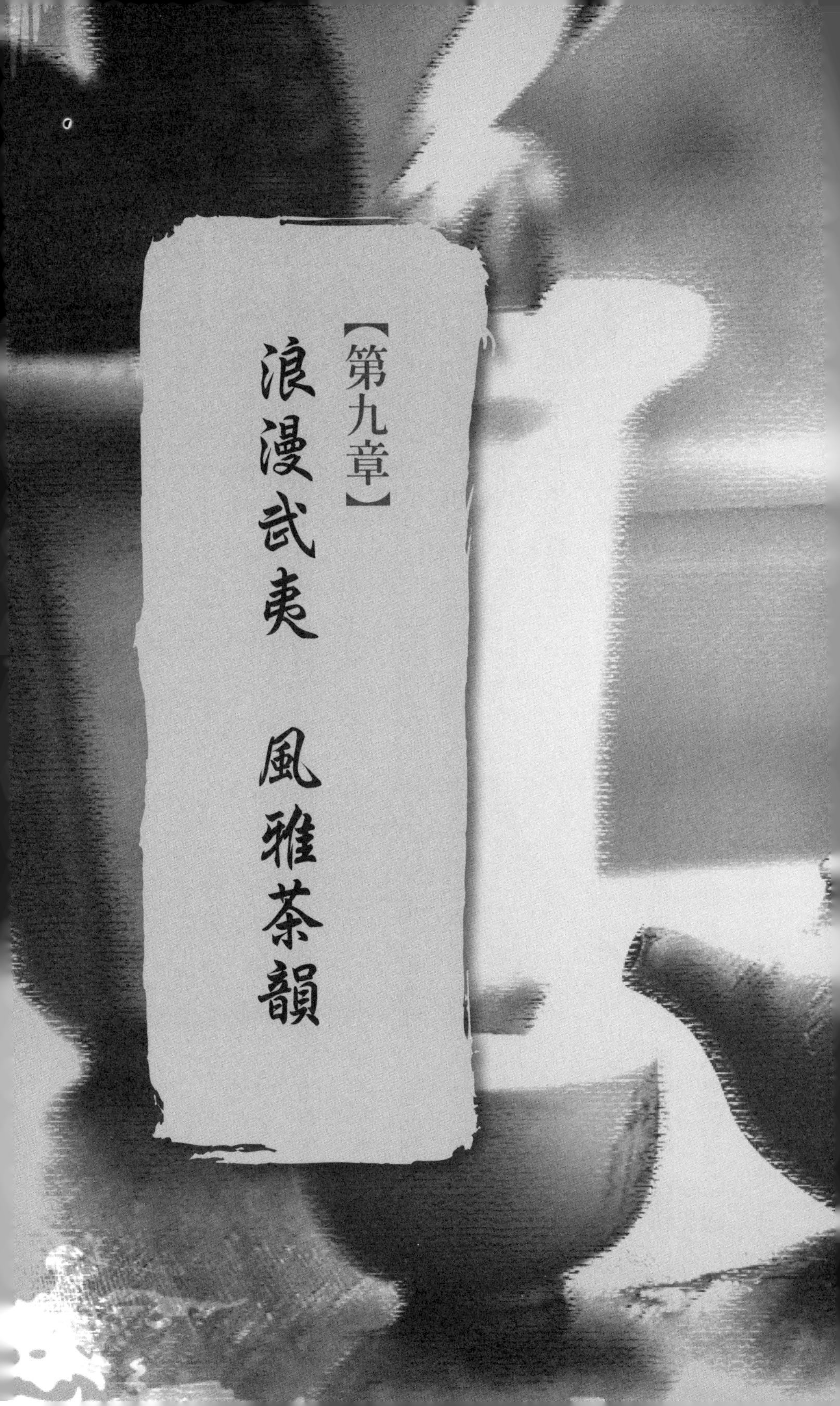

【第九章】浪漫武夷　風雅茶韻

一、武夷茶的傳奇：古老傳說

製茶祖師楊太白

從前，武夷山的茶農，都供奉著楊太白君的牌位。每年清明節過後，開始採茶、製茶，事先都要祭祀他，求他「保佑」茶葉豐收、製茶順利。有的人說如果不祭祀他，茶葉會減產，製出的茶葉品質不好。現在雖然沒有這一套，但還流傳著楊太白君的傳說。

不知是什麼年代，楊太白的家鄉，遭了一場大水，他孤身一人逃難到了福建武夷山。那時，他在一個小村莊，幫人做點零活。二十多歲，正當壯年，有的是力氣，做事從不偷懶，周圍的人都很喜歡他。

武夷山中終日雲霧繚繞，雨水多，日照短，氣候溫和、濕潤，滿山遍野都是野生的茶樹，誰也不知道它有什麼大的用處，任其自生自滅，誰也不去管它。聽老人說，碰到荒年，沒有吃的，茶葉比樹皮、草根還要好吃一些呢。不過武夷山的群眾有個習慣，認為茶樹的葉子可以治病、提神、助消化、止痢，還可以解暑。所以，到了穀雨前後，每家每戶，都要讓婦女小孩去摘一點回來準備著，萬一有個小毛病，就拿來煮水喝。

有一年，楊太白跟著一群婦女小孩上山去採摘茶葉，他挑了一擔竹筐，跑到山上，見山峰青青，流水淙淙，他越看越想看，走了一峰又一峰，邊走邊採，也不覺得勞累，一直往前走去，剩下他獨自一個。到了下午，當他坐下來休息的時候，才感到肚子很餓，疲倦不堪，精神恍惚，不覺睡去了。

楊太白所採的茶葉，經過太陽曝曬，全部曬軟了，像空心菜被開水燙過一樣。當他一覺醒來，太陽已經落山了，山區天黑得早，他趕忙起來準備回家，後悔不該貪睡。他見竹筐裡的茶葉都蔫巴巴的，就用手去抖、去炒，但因葉子粘連在一起，怎麼也抖不開、炒不散了，卻聞到一陣陣清香，跟過去看到的茶葉不一樣。他隨便抓了幾片葉子塞進嘴裡嚼起來，越嚼越香，口中生津，精神倍增，也不覺得勞累和眼花了，好不喜歡。他趕忙挑著竹筐下山回家去。

武夷山群峰蒙上層層白霧，鳥兒叫著歸巢，村裡人家也都點上了松光，太白才挑著茶到家。武夷山的夜晚，雖是春夏之交，還是寒氣襲人，他生火煮飯，灶火很旺，屋裡

暖烘烘的，等吃過飯，放在一邊的茶葉又乾了許多，一陣陣的清香溢到門外，全村的人都聞到了，感到奇怪，不知香從何來？第二天早上，才知道是太白家裡的茶葉香，都跑來看，一進屋更感到香氣撲鼻。有的人一看，那茶葉，片片捲縮，說楊太白發瘋了，茶葉被火烤成這個焦樣子，藥性都掉了，不能治病。按照老規矩，山裡人採回的青茶，就要搗爛，揉成一團，晾乾，裝好即成茶藥了。像楊太白這模樣的茶葉，他們還是頭回看見，難怪有人要反對他。

可是，把採來的茶葉製成藥，按老規矩，不曬、不烤、放久了，有的就會發黴、變質、不能用，有的雖不發黴，但有一股衝鼻的青草味道，吃起來還會苦澀。而楊太白的茶，一年下來用水沖服，不僅很香，吃來還有甘味，口裡生津也能治病。這一傳開，來向楊太白討茶的人多了，有的要來治病，有的人吃上了癮，每天吃一點，人就感到舒服，不吃就像少掉了什麼似的。

楊太白不知經過多少年的實踐、摸索，發明了晾乾、揉青、烘、焙、分揀的一整套製茶工藝。楊太白製的茶為人們所傳道，一傳十，十傳百，整個武夷山的人，都跟著楊太白學製茶，製出了許多的名茶，武夷山也出名了。這種製茶工藝，一直流傳到現在，所以武夷山的茶農，把楊太白看成是製茶師祖，傳說他是天上的「茶星」下凡，家家供奉祭祀，表示不忘他的功績。

茶洞

很久很久以前，武夷山九曲溪畔，有一位以砍樵為生的人。他熟悉山裡的草藥，身背藥葫蘆為人治病，村民稱他「半仙」。

有一年酷暑天，武夷山區暑瘟病流行，青壯年都病倒了，呻吟之聲載道。半仙背著藥葫蘆，提著藥籃，走東村、串西村，為村民採藥、製藥、醫病而奔忙。

草藥用完了，他就背著藥簍進山採藥。路過山旁茅舍，突然聽見啼哭聲，半仙知道又有一個垂危的病人，

傳說中武夷山發現第一棵茶樹的地方－茶洞

立即進屋一看，只見床上躺著一位昏迷不醒的中年男子，原來是半仙的好友李義。

李嫂見到半仙，立即跪在他面前，哭泣地說：「李義已經三天不省人事了，通身發燒，沾泉水的臉巾，敷上去一下就乾了，請大哥救救他。」半仙走到床前伸手一摸，果真燒得燙手。他知道這非要山岩苦茶不可。但這種藥稀少難採，怎麼辦？如今只有冒著毒辣辣的日頭，攀上武夷山懸崖陡壁，或許還能找到。救人一命勝造七級浮屠。他安慰李嫂後，轉身向「峰峰深鎖」的石碑幽澗走去。他恨不能插上翅膀，一飛上懸崖，採藥救人。半仙緊了緊腰帶，綁牢草鞋，背著藥簍，抓牢野藤，附壁蛇行，一步一步地往上攀登。半仙好不容易爬到洞口，忽然眼冒金花，眼前一黑，摔下山澗。

昏迷中的半仙，被一陣清風拂醒，他睜眼一看，只見樹木叢中走出一位童顏鶴髮的仙人，將他背起，叫他閉上雙眼，半仙頓覺身體在上升，不覺已到岩洞。仙翁放下半仙，便從腰際取出小葫蘆，旋開蓋，倒出一盞濃露，讓半仙喝下。半仙頓覺渾身舒暢，精神抖擻，連忙翻身伏拜，謝仙翁救命之恩。

「不用拜謝，快將此藥拿去救人要緊。」仙翁拿出數株似苦茶的小樹說：「此乃碧玉瑤草，能治百病，我看你有顆慈善之心，行醫濟世，吾助你仙茶，速去為民治病。但要留一株栽培傳世。吾乃武夷茶君是也。」話畢隱去。半仙抬頭一看，岩壁上寫著「幽微碧玉洞天」。他將仙茶拿出一株栽在洞邊，便高興而歸。

半仙用仙茶治好一個又一個的病人，又從那株茶樹上剪下一枝又一枝的茶樹枝繁殖栽培，後來那塊地方成了一片茂密的茶園。

人們為紀念這個種植第一株茶的地方，便在該處石壁上刻上「茶洞」二字。

大紅袍

傳說古時，有個窮秀才上京趕考，路過武夷山時，病倒在路上，被下山化緣的天心廟老方丈看見，忙叫兩個和尚把他抬回廟中。

老方丈見秀才臉色蒼白，體瘦腹脹，便從一個精緻的小錫罐裡抓出一撮茶葉，放在碗裡用滾水泡開，送到秀才跟前說：「你喝下去吧，病就會好的。」

秀才見那茶葉在碗中慢慢舒張，露出綠葉紅鑲邊，染得水色黃中帶紅，如琥珀一

樣光亮，清澈見底，芬芳飄溢，一股帶有桂花的清香味鑽心透肺，人就感到舒服。他啜了幾口，覺得那茶味澀中帶甘，立時口中生津，香氣迴腸，「咕咕」發響，腹脹漸漸消退，人也不感到煩躁了，精神更是爽利起來。秀才連忙起身，向老方丈拜了三拜說：「多承老方丈見危相救，倘若小生今科得中，定返此地修整廟宇，重塑金身！」

秀才在廟裡歇息了幾天，便告辭了老方丈及眾和尚，又上路赴京趕考去了。

果然不久，秀才金榜題名，得中頭名狀元。皇上見他人品出眾，才華過人，當即招為東床駙馬。按理說，秀才身居高官，又招為皇婿，應該春風滿面，喜氣洋洋才是。可是，狀元雖日夜有美麗的公主相伴，還是悶悶不樂，似有心事重重。

一天上朝，皇上見他緊鎖雙眉，便問他為何這樣？狀元就把趕考落難、老方丈如何搭救的事一一做了稟告。皇上見他欲往武夷山謝恩，便命他為欽差大臣前去視察。

一個和暖的春日，狀元一行人離開了京城，只見狀元騎著高頭大馬，隨從前呼後擁，一路鳴鑼開道，忙煞了沿途驛站官員。那武夷山的老方丈接到快馬通報，忙召集廟裡大小和尚焚香點燭，夾道歡迎，恭候欽差大臣親臨視察。

行行走走，走走行行，狀元威風凜凜來到武夷山天心廟前，一見老方丈，立即下馬，上前拱手作揖道：「久違！久違！本官特前來報答老方丈大恩大德！」

老方丈又驚又喜，雙手合掌地打量著狀元說：「狀元公休要過謝，救人乃貧僧本德，區區小事，不必介懷。」

在寒喧中，狀元問起當年治病的事，說要親自去看看那株救命的神茶。

老方丈點頭從命，領著新科狀元從天心岩南下，再向西行，走進一條幽深的峽谷，只見九座岩峰像九條龍蟠繞在溝壑峭壁之間，谷裡雲霧漫漫，澗水淙淙，涼風籟籟，坡上岩下那一片片、一層層的茶樹在風裡吐芳流香。

狀元陶醉在天然的景色裡，深深地吸了口氣，又見陡峭的絕壁上還有一道小石座，座裡長著三株十幾尺高的大茶樹。樹幹曲曲彎彎，長滿苔蘚，樹下泉水滴滴，土黑而肥潤，又濃又綠的葉片，吐出一簇簇的嫩芽來，在陽光下閃著紫紅的光澤，煞是逗人喜愛！絕壁上還有一道岩縫，輕風薄霧就從縫裡徐徐吹拂茶樹，真是天生地造的巧呀！

老方丈看狀元驚嘆不已，就說：「這裡名叫九龍窠。當年狀元因食生冷之物，犯了

鼓脹病，貧僧就是取這半岩上的茶葉，泡湯給狀元飲服的。」

狀元興味更濃，在九龍窠流覽到日頭偏西，回到寺裡，又聽老方丈講起這三棵大茶樹的古老傳說：

很早很早以前，這茶種是晶亮晶亮的，是武夷神鳥從蓬萊仙島銜來的，丟在九龍窠的岩壁上，就長出了這三棵綠油油、粗壯壯的茶樹。因為它高高地長在雲霧繚繞的半山腰上，每年陽春，廟裡就打響鐘鼓，召集山猴來開山果會。給每個猴子穿上紅衣紅褲，讓牠們爬上絕壁，摘下茶葉來製好。有人病了，就施贈三五片泡湯，喝下去病就好了。因為叫不出樹的名字，山裡的人就稱它為「茶王」。

狀元聽了哈哈大笑，對老方丈說：「如此神茶，能治百病，請老方丈精製一盒由本官帶京進貢皇上，何如？」

老方丈連連應承。此時正值春茶開採季節，第二天老方丈高興而隆重地披上四十二條紅袈裟，點起香燭，擊鼓鳴鐘，召來廟裡大小和尚，按職稱穿上條數不同的紅、黃、褚各色袈裟。侍者端著茶盤，盤裡裝著香菇、木耳、金針等六碗齋菜和酒飯，由老方丈領首，後跟首座和尚、都監、糾察、監院、府寺、知客、維那、悅眾和清眾等大小和尚。有托香爐檀香的，有端具的，有拿拂塵的，有提燈籠的，排成一隊，魚貫而行，浩浩蕩蕩地列隊來到九龍窠。焚香點燭，鐘鈸齊鳴，和尚們合掌唸經，唱起香讚，由老方丈帶頭，左三步，右三步，對茶樹參香禮拜，在煙火繚繞中大家齊聲高喊：「茶發芽！茶發芽！」就開始採起茶來啦！

採過茶葉，老方丈回廟請來最好的茶師，用最好的茶具，將茶葉精工製作以後，裝入特製的小錫盒裡，由狀元用一方絲帕小心包好，藏在懷裡。此後，狀元差人把天心廟整修一番，又塑上一個金身菩薩，便打馬回京城去了。

狀元到了皇宮，見宮廷一片忙亂。一打聽，才知是皇后患病，終日肚疼鼓脹，臥床不起，請遍了京城名醫，用盡了靈丹妙藥，都不見效，急得皇上和大小官臣坐立不安。狀元見這情景，就把那包茶葉呈到皇上面前，奏道：「小臣從武夷山帶回九龍窠神茶一盒，能治百病。敬獻皇后服下，準保玉體康復。」

皇上接過茶葉，鄭重地說：「倘若此茶真能顯靈，使皇后康復，寡人一定前往九龍

窠賜封、賞茶！」

說也怪，這皇后喝了皇上親自沖泡好的茶葉後，果然不久，迴腸蕩氣，痛止脹消，玉體也漸漸地復原了。狀元看皇上喜笑顏開，乘興邀他前往武夷山賞茶。

古話說：「國不可一日無君。」因為朝廷政事很多，皇上只好將一件大黃袍交給狀元，由他親自帶往武夷九龍窠，以示皇上光臨。

崇安衙門官員、武夷和尚道士，聽說狀元代表皇上親臨九龍窠，紛紛出來迎候，老百姓也趕來看熱鬧。十里山路上人聲鼎沸，九龍窠裡熙熙攘攘，禮炮轟響，火燭通明。半山腰上那三株大茶樹罩在一片煙火裡，捲起了葉子，驚得狀元急忙從車裡取出黃袍，和尚看到後，很是著急，說岩茶是擔當不起皇上的黃袍加身的，會夭折的。狀元一想也有道理，就說那就用我的紅袍吧！樵夫上崖給茶樹披上狀元紅袍，果然瑞氣嫋嫋，紫氣縈繞，隨行官員和當地茶民、僧人歡呼慶賀。待紅袍揭下後，茶樹葉子如染，紅豔豔的，很是動人。大紅袍由此而得名。

後來，人們就把這三株茶樹叫做大紅袍了，有人還在石壁上鐫刻了「大紅袍」三個紅豔豔的大字。漸漸地，不少遊人茶商慕名而來觀賞，貪心的皇上怕有人奪走茶王，就派了專人看守，還下了道聖旨，要大紅袍年年歲歲進貢朝廷。

從此，大紅袍就成了珍品，成了「茶中之王」，與武夷的碧水丹山一起馳名於天下了。

白雞冠

明朝年間，武夷慧苑寺有一位僧人，名圓慧，他為人善良，待人接物總是笑嘻嘻的，人稱之為「笑臉羅漢」。

笑臉羅漢除了唸經參禪外，就是專心管理茶園。經他細心培育的茶樹，長勢茂盛，蔥鬱喜人；經他採製的茶葉香氣撲鼻，味醇爽口，喝上一口，神清目朗，直透心肺。寺廟附近的茶農非常喜歡同笑臉羅漢往來，凡是種茶製茶的事，常去請教笑臉羅漢。

一天清晨，笑臉羅漢早禪完畢，荷鋤來到火焰崗茶園鋤草。當他除草至岩邊的茶畦時，突然從山崗上傳來一陣鳥的慘叫聲。原來是一隻兇猛的山鷹要捕捉錦雞的幼子，母

白錦雞奮力抗擊，被山鷹擊傷。笑臉羅漢急忙跑過去驅趕，趕走山鷹救護了小白錦雞。但母白錦雞卻因傷勢過重而亡。羅漢萌發了憐憫之心，連忙合掌唸著：「阿彌陀佛。」旋即把那白錦雞埋在茶園裡。

第二年春天，奇事出現了。埋錦雞的地方，竟然長出一株不一樣的茶樹，茶樹的葉子是淡白色的，片片葉子往上向內捲起，形似雞冠，在太陽的照射下，閃閃發光，十分動人。笑臉羅漢呆住了，連忙回村喚鄉鄰來觀賞。大家看了都覺得奇怪，但又說不出什麼緣故，唯獨笑臉羅漢心裡有數。他把那幾株茶的葉子採下帶回廟，細心製作。茶葉條如搓緊的繩索，彎曲如一條烏黑的龍油光發亮，尖端的頭好似蜻蜓，香氣撲鼻，滿室生香。他把茶葉放入杯內，用熱水沖泡，並蓋好杯蓋，略待片刻掀開杯蓋，一股清幽的蘭花香氣，直透肺腑，令人心曠神怡。飲後更是妙不可言，那醇甜味使人滿口生津，回甘味久留口中。笑臉羅漢高興得合不攏嘴，他取出精製的錫罐，將茶葉盛裝起來，放在乾燥的地方，視為珍寶。

有一年，建甯知府帶著眷屬遊覽武夷山。途經彗苑寺，正值盛夏，他的公子突然腹痛如刀絞，滿地打滾。知府急得猶如熱鍋上的螞蟻，團團轉，不知如何是好。正巧笑臉羅漢回寺，看到知府公子得病在寺，他連忙為公子診脈。一診便知病情。笑臉羅漢說了幾句寬慰話後，即回臥室取出錫罐，倒出一些茶葉放入杯裡，沖上沸水，過一會兒倒了一杯澄黃的湯水給知府的公子喝下。沒一頓飯的工夫，知府公子的肚子不痛了，而且還鬧著要喝那湯水。知府大惑不解，上前把公子喝剩的湯水啜上一口，只覺得香似蘭花，齒頰留香，周身涼爽，暑熱頓解，實在舒服。

知府非常感激笑臉羅漢救子之恩，贈銀百兩。並問笑臉羅漢道：「長老剛才那神湯叫什麼名，肯否告訴與我？」笑臉羅漢答道：「大人，剛才那湯不是什麼神湯，而是茶葉，它名叫……」笑臉羅漢講到茶名，這下可難住了，因為他並沒有給此茶取名，一時答不上來。知府見狀，認為長老不肯告。正待辭謝時，笑臉羅漢想起埋錦雞之事，便笑著說：「大人，此茶名叫『白雞冠』，是我寺的珍品！」

水金龜

傳說武夷山有一年下了場大暴雨，那雨點有黃豆子那麼大，打得滿山滿嶺的樹木嘩嘩作響，落到峰崖溝壑，又從嶺頂滾滾而下，像似一條條吼叫著的小黃龍在翻滾，帶著泥沙碎石，捲著斷枝落葉，張牙舞爪地四處胡奔亂闖，鬧得三十六峰和九十九岩的鳥獸都不得安寧。

瓢潑的大雨剛停下，磊石寺的一個和尚就出來巡山了。他拄著根竹竿走呀走的，來到一個高坡上，在雨後的亮光中，只見岩頂上有一個綠蓬蓬、亮晶晶的東西在蠕動著，順雨水沖刷出來的山溝泥路，慢慢地朝著坡下牛欄坑爬去，一步一步，一搖一擺的，爬到坑邊就斜著身體不動了，像個爬累了的大金龜趴在坑邊喝水哩！

這和尚在磊石寺修行多年，像這樣的奇事還沒見過。他又驚又喜，小心翼翼地順著那條山溝泥路朝前走，越走越近，越看越明：原來是一棵從岩頂流來的茶樹哩！再看，這茶樹枝杆粗粗的，葉子厚厚的，綠得油光閃閃，那張開的枝條，有時交錯，遠看像一

格格的龜紋，更像個大金龜了！

這和尚喜煞了，雙腳帶風地跑回寺裡報喜。

一進寺門，這和尚就敲鼓鳴鐘，召來了大小和尚，喜孜孜地說：「快快！龍王爺爺給我們寺裡送來了金枝玉葉，快穿上袈裟，焚香點燭去迎寶呀！」

和尚們跟著方丈出了寺門，一路上敲響木魚磬鈸，唸著佛經來到牛欄坑，唱起香贊，朝神奇的茶樹參拜，感謝海龍王，禱告茶神「保佑」茶樹旺盛。和尚們連夜搬來石塊，恭恭敬敬地砌了一個四方茶座，十天半月地輪流派人來看守這棵樹，給它培培土，抓抓蟲，還點上幾支香燭，像供奉財神爺那樣來侍候茶樹，好讓它為寺裡添財進寶哩！

再說這金龜也真是落到金窩裡了。牛欄坑這地方，從倒水坑流來的泉水沿著岩壁滲下來，點點滴滴都澆在茶樹根上，即使遇到大旱天，這裡還是水滴不斷；這裡又是山壟攏，日照幾回，七分陽、三分陰，那土乾乾濕濕，濕濕乾乾，寒暖很適宜；加上那泉水還從岩壁上帶來腐葉敗草，堆在樹兜上，日久就漚成了肥料——所有這些，正合金龜的脾性，真是獨得「天時地利」呀！這樹越長越壯實，綠蓬蓬，亮晶晶，陽光一照，更像是

個光閃閃的大龜，它又活在水邊，人們就叫它「水金龜」了！

鐵羅漢

鐵羅漢是武夷山享譽華夏的岩茶品種，慧苑坑諸山居多，深得中外嘉賓的賞識。

相傳有一年，天上王母娘娘不知何故，特選八月中秋月兒圓，在九天仙池盛宴五百羅漢。五百羅漢得此天賜良機，誰肯輕易放過，都按規定時辰，準時赴了宴。

宴會開始，仙樂齊鳴，婀娜多姿的仙女們端上一道道天庭特色佳餚，譬如龍肉、獅舌、天雞皮、天鴨蹼、天魚翅、天牛尾、天鹿角……等等，不要說吃，見一見也叫人渾身添勁啊！

宴中，王母娘娘笑容可掬，頻頻舉杯向五百羅漢敬酒。五百羅漢早對天宮瓊漿垂涎三尺，現在伸手可得，誰還不願喝它個一醉方休？羅漢們一杯杯仰頭便喝，嘴裡還嘖嘖稱讚不止，加上對敬、賭酒、賽喝、行令……鬧得一個個臉紅耳赤，活像世間戲臺上的關老爺。

宴散時，五百羅漢大都成了醉神仙，雖然同時拜別王母娘娘離開九天仙池，路上卻前前後後拉成了一支歪歪扭扭的長蛇陣，有的昂著頭，有的弓著腰，有的挺著胸，有的駝著背，走起路來一搖三晃，跌跌撞撞，好比節時街市上的秧歌隊，看了那形態各異的怪樣子，真叫人笑破肚皮。

吃飽喝足的五百羅漢，終於到了雲頭分手的時候，有的回他的那方寶地，有的則去雲遊四方，只有管茶羅漢一夥，徑直來武夷山。羅漢們嘻嘻哈哈，手舞足蹈，真可謂神仙過的日子。

提起管茶羅漢，還有一段不大不小的笑話。管茶羅漢雖然未曾醉成一灘泥，卻也醉得十之八九。他一腳高一腳低地，踩著醉步，一路上歪歪倒倒雲遊到武夷山上空，一不小心，還將象徵神權的「茶杖」給弄斷了。管茶羅漢頃刻間嚇出一身冷汗，酒也醒了，慌忙擺弄斷杖，想接接不上，想丟又無豹子膽。一個神通廣大的羅漢，一時竟沒了主意。

幾個羅漢好奇，都湊近管茶羅漢，一個勁盤問為何懊惱。開始管茶羅漢強裝笑臉，

企圖蒙混過關，後來經不住一再追逼，只得將斷杖一事和盤托出，還心情沉重地檢討道：「皆因宴中貪杯，多喝了酒，方才會到這步田地，今後如何管得茶來……」眾羅漢連忙安慰道：「莫惱！莫惱！我們重回九天仙池，懇求王母娘娘幫忙說個情，佛祖還能不賣她的帳？」說完七手八腳拉著管茶羅漢回頭便走，這一下又將管茶羅漢手中的斷杖碰落，眼見斷杖穿過雲海落地，眾羅漢無不驚慌失措，互怨聲聲……

那斷杖直落武夷山慧苑坑，剛好被一位路過的老茶農碰著。老茶農見杖，以為遊人失落，便隨手撿起插在茶地上。

夜裡，老茶農忽得一夢，夢見管茶羅漢囑其如何如何將斷杖移插僻靜之地，待到採茶季節如何如何採製，保能茶旺山興…… 翌日一早，老茶農去看茶杖，茶杖果然深深紮了根，還散發出陣陣誘人的茶香。

後來茶杖長出的茶，便成了今日鐵羅漢。

龐公吃茶處

康熙辛巳（1701年）年秋天，在九曲溪上，划來一條小漁舟。舟上有四五人，其中一人就是剛離任而再遊武夷的建寧太守龐塏。陪遊的還有建安人章袞、浙人程長銘和武夷梧桐窠釋子衍操。

談笑間，小漁舟已駛入小九曲。小九曲別有天地，這裡巨石羅列，石上有峭壁，有穹崖，有裂罅，有洞穴，還有幾竿翠竹低垂水上，乘竹筏洄游其中，好像在九曲溪裡，左盤右旋，極盡天然曲折之妙。

龐公等人捨舟登岸。岸上有一草寮，茶旗斜掛，茶博士正來回沖泡茶。寮內二三張小桌已坐滿了遊人。隨從進入草寮，正想趕走茶客，騰出一張

龐公吃茶處

桌，以便太守品茶。龐公阻止道：「不要打擾別人，還是泡一壺岩茶，到那風景勝處，邊飲茶邊觀景邊品論。」隨從便進寮與主人說，龐太守來此遊玩，你快烹上好茶一壺。茶寮主人一聽說是太守來了，慌忙吩咐茶博士快沖泡一壺好茶。

龐公和衍操等人繞上岩頂，小藏峰的金雞洞近在咫尺，洞內古物彷彿伸手可及。從這裡俯瞰小九曲，巉岩為卵，碧水洄流，修篁輕拂，輕舟蕩過，宛如人間仙境。龐公吟詠道：「到眼皆佳境，題詩少妙詞。」便命隨從取出文房四寶，在岩石上鋪上宣紙，揮筆疾書「應接不暇」四字。龐公在紙上又書「磨崖留姓氏，聊與後人知」，署上龐塏，商丘人。

隨從端著茶具跟在龐公後面，此時便沖泡了茶，端給眾人。龐公接茶，陣陣蘭花香氣撲鼻而來，咽了一口，頓覺口齒留甘香。便對衍操說：「好茶、好茶，這是什麼茶？」衍操說：「這裡的茶，臻山川之秀氣之所鍾，品具岩骨茶香之勝。」衍操反問：「龐公品出什麼香味？」「好似蘭花味。」「龐公真是品茶之能手。」「蘭花之中，數金邊蘭最貴重，那就命名金邊蘭吧！」茶寮主人後來聽說龐太守給茶取名，高興得逢人便說，我家裡的茶，龐太守品飲後讚賞為好茶，他還給取名「金邊蘭」呢。

夕陽西下，龐公一行依戀不捨地上了小漁舟，回到了住處。嗣後，衍操命人將「應接不暇」勒於崖石上，同遊章袞、嚴霄容等人也將「龐公吃茶處」勒於岩壁。

武夷岩茶從此又增添了「金邊蘭」的品種。

二、別有滋味：幾種特色茶

武夷山具有天然的宜茶環境，也有著極其繁複的茶葉發展的歷史。在其發展的過程中，武夷山的茶人表現出了極強的創新意識和高超的勞動智慧，他們因地制宜、因茶制宜，選用洲茶的嫩芽為原料，還創製了許多特色茶。也許是因為岩茶的光環太耀眼了，它們被淹沒在了武夷岩茶的光芒裡，白毫蓮心和龍鬚茶就是其中的代表。這些茶在上世紀四十年代尚有生產，當時的福建示範茶場還進行過研製，現將製作過程記錄於下：

白毫蓮心

白毫蓮心，本為嫩粗兩種不同的茶葉，均屬菜茶種。用綠茶的製法採製，即採後經曬、炒、揉、焙、揀等各程序。茶號將所收買之毛茶，再焙兩次，即可裝箱，不經揀剔手續。蓋製白毫蓮心之山戶，已揀剔乾淨，無需再揀。崇安之白毫，因茶樹品種不同，與政和福鼎之白毫互異，品質與價格亦相差甚遠。在崇安單獨採製白毫者甚少，每在蓮心內加入帶白毛之嫩芽，藉增美觀，並提高品質，而稱之曰「白毫蓮心」，故白毫與蓮心兩名，每混為一談，無嚴格之限制與劃分。至於蓮心的命名，取意於細嫩，因採一芽二葉，經製作後，其形狀像蓮子心故名。

龍鬚

龍鬚茶，其製法屬於綠茶類，以其條索似鬚故名，品種係菜茶。赤石附近之八角亭位於武夷山麓，天然環境甚佳，是製造龍鬚集中的地點，其品質之優異，非建甌等地所產者可比。其製作過程如下：

採摘：在立夏前二三日開始採摘，普通採至第四葉為止。

萎凋：將採下之茶青攤佈於竹製之水篩上置於日光下，曬至葉片柔軟失去光澤為度，時約二三十分鐘，或將篩排於晾青架上，架在屋簷下或屋內空曠處，行室內萎凋。

炒青：將萎凋之青葉約一二斤，置於熱度極強之鍋中，兩手迅速翻炒，歷時約五六分鐘，取出揉撚。

揉撚：將已炒之茶葉，置於揉茶笠中，用手搓揉，使茶汁流出、茶葉捲轉為度，時間約四分鐘。

紮把：將揉撚過的茶葉，將每一根彎捲的茶葉理直，整齊首尾，置於手掌中，用拇指食指夾住葉柄，黃片及條索不良者，則撚成團，約拇指大小，夾入中間，將理直之茶葉包在外面，用力紮成橄欖形，兩端束以絲線，成為小把，再用剪刀剪齊之，長約兩寸八分，圓約一寸，以兩小把合為一束，中間束以紅線，每把重約四錢。此項工作，乃由女工擔任，每人平均每日可紮二百餘把，每小把工資一分，所用紅絲線向收購茶號購買，以資一律。

初焙：將紮好之茶葉，置於焙籠焙之，約一二小時，外部乾燥，即可取出。

再乾：龍鬚不經精製手續，茶號收購後，再用微火覆火一次，約經一二晝夜即可裝箱，每百斤再乾後，可得乾茶八十斤，每箱裝三十八市斤。

花茶

將半岩茶或粗蓮心，雇女工揀淨後，經過烘焙五六小時，暫裝入囤箱，經一二日，使熱氣冷退。然後鋪在地上，約寸許，鋪花一層，再鋪茶一層，使茶花相間，經十二小時，翻動一次，再經二十四小時，用茶篩篩去殘花。此時經窨花後之茶葉甚為潮濕，須即行焙火，約二小時，暫裝屯箱，至打堆後，再用微火烘焙，約五小時，然後裝箱出運。窨花之花，係用梔子花。鮮花收進後，須將花扭散，留花瓣，揀去花心（雌雄蕊）、梗、萼，再篩去碎片及夾雜物，即可窨用。

三、詠茶詩文

武夷茶依託於武夷這座名山，可以說山奇、秀、險，水清、靜、綠，茶自然也就清、香、活。但她的興盛和崛起，與歷代的文人墨客的品飲、題詠，也有著很大的關係。這些詩文或寫摘茶、製茶，或寫汲泉煮水，或寫品茶之樂與趣，摘錄如下，與所有愛茶之人共享。尤其是蘇軾之《葉嘉傳》，我想這不僅是一篇寫武夷茶的奇文，就是在整個茶史和文學史上也稱得上是一篇奇文，武夷茶在他的筆下清白可愛、氣骨錚錚，值得一閱。還有連橫先生的《茗談》，凡武夷岩茶之品第、泡飲、用水、器具、品嚐等等，一一論及。對於武夷岩茶，因為懂得，所以愛之深；也因為愛之深，所以懂得也愈深。武夷岩茶，得知己如此，是其幸運！

飲茶歌

〔唐〕盧仝

一碗喉吻潤；兩碗破孤悶。
三碗搜枯腸，唯有文字五千卷；
四碗發輕汗，平生不平事，盡向毛孔散；
五碗肌骨輕，六碗通仙靈；
七碗吃不得也，唯覺兩腋習習清風生。

謝尚書惠臘麵茶

〔唐〕徐夤

武夷春暖月初圓，採摘新芽獻地仙。
飛鵲印成香蠟片，啼猿溪走木蘭船。
金槽和碾沉香末，冰碗輕涵翠縷煙。
分贈恩深知最早，晚鐺宜煮北山泉。

試茶

〔宋〕蔡襄

兔毫紫甌新，蟹眼清泉煮。
雪凍作成花，雲閒未垂縷。
願爾池中波，去作人間雨。

詠茶

〔宋〕蘇軾

君不見武夷溪邊粟粒芽，前丁後蔡相寵加。
爭新買寵各出意，今年鬥品充官茶。
吾君所乏豈無物，致養口體何陋耶！
洛陽相君忠孝家，可憐亦進姚黃花。

和錢安道惠寄建茶　〔宋〕蘇軾

我官於南今幾時，嚐盡溪茶與山茗。
胸中似記故人面，口不能言心自省。
森然可愛不可慢，骨清肉膩和且正。
雪花雨腳何足道，啜過始知真味永。

記龍團　〔宋〕蘇轍

空花落盡酒傾缸，日上山融雪漲江。
紅焙淺甌新火活，龍團小碾鬥晴窗。

建安雪　〔宋〕陸游

建溪官茶天下絕，香味欲全須小雪。

雪飛一片茶不憂，價況蔽空如舞鷗。
銀瓶銅碾春風裡，不枉年來行萬里。
從渠荔子腴玉膚，自古難兼熊掌魚。

茶

〔宋〕林逋

石乳清飛瑟瑟塵，乳香烹出建溪春。
世間絕品人難識，閒對茶經憶古人。

答建州沈屯田寄新茶

〔宋〕梅堯臣

春芽碾白膏，夜火焙紫餅。
價與黃金齊，包開青箬整。
碾為玉色塵，遠汲蘆底井。
一啜同醉翁，思君聊引領。

水調歌頭・詠茶

〔宋〕白玉蟾

二月一番雨，昨夜一聲雷。
槍旗爭展，建溪春色佔先魁。
採取枝頭雀舌，帶露和煙碾碎，煉作紫金堆。
碾破香無限，飛起綠塵埃。

汲新泉，烹活火，試將來。
放下兔毫甌子，滋味舌頭回。
換取青州從事，戰勝睡魔百萬，夢不到陽臺。
兩腋清風起，我欲上蓬萊。

茶灶

（宋）朱熹

仙翁遺石灶，宛在水中央。
飲罷方舟去，茶煙嫋細香。

詠武夷茶

（元）杜本

春從天上來，噓弗通寰海。
納納此中藏，書斛珠蓓蕾。

茶灶石

（元）蔡廷秀

仙人應愛武夷茶，旋汲新泉煮嫩芽。
啜罷驂鸞歸洞府，空餘石灶鎖煙霞。

西域從王君玉乞茶因其韻

〔元〕耶律楚材

積年不啜建溪茶，心竅黃塵塞五車。
碧玉甌中思雪浪，黃金碾畔憶雷芽。
盧仝七碗詩難得，念老三甌夢亦賒。
敢乞君侯分數餅，暫叫清興繞煙霞。

茶洞

〔明〕鄭郊

四山插石壁，聳浩搔天雲。
挺足卓平疇，杳然失清曛。
煙雨宿其內，茶筍葉香氛。

茶鋪

（明）陳鐸

武夷和雨採春叢，嫩葉蒙茸，佳名千古重。盧仝曾稱頌，七碗自清風。

陶家學士殊珍重，玉堂中掃雪親烹。瑪瑙鐺，玻璃甕。碧雲翻動、濁酒怎敢爭功！

喊山臺

（明）陳君從

武夷溪曲喊山茶，儘是黃金粟粒芽。

堪笑開元天子俗，卻將羯鼓去催花。

藍素軒遺茶謝之

（明）邱雲霄

御茶園裡春常早，辟谷年來喜獨嚐。

筆陣戰酣青疊甲，騷壇雄助綠沉槍。

波驚魚眼聽濤細，煙暖鴟罌坐月長。
欲訪踏歌雲外客，注烹仙掌露華香。

武夷茶

〔清〕陸廷燦

桑苧家傳舊有經，彈琴喜傍武夷君。
輕濤松下烹溪月，含露梅邊煮嶺雲。
醒睡功資宵判牘，清神雅助畫論文。
春雷催茁仙岩筍，雀尖龍團取次分。

御賜武夷芽茶恭記

〔清〕查慎行

幔亭峰下御園旁，貢如春山採焙鄉。
曾想溪邊尋粟芽，卻從行在賜頭綱。
雲蒸雨潤成仙品，器潔泉清發異香。

珍重封題報京洛，可知消渴賴瓊漿。

謝王適庵惠武夷茶　〔清〕沈涵

雀舌龍團總絕群，驛書相餉意偏殷。
香含玉女峰頭露，潤帶珠簾洞口雲。
不用破愁三萬酒，慚無掛腹五千文。
呼童攜取源泉水，細展旗槍滿座芬。

製茶民謠

人說糧如銀，我道茶似金。
武夷岩茶興，全靠製茶經。
一採二倒青，三搖四圍水。
五炒六揉金，七烘八撿梗，

九複十篩分，道道工夫精。
人說糧如銀，我道茶似金。
武夷岩茶興，全靠製茶人。

評茶歌

民歌

樣茶泡在茶盅裡，盅盅岩茶盅盅味。
先聞蓋蓋清香氣，後嚐不吞吐筒裡。
清水漂茶香成色，又嚐又看比一比。
茶師心中有了數，箱箱定價有道理。

武夷岩茶

潘主蘭

岩茶風韻不尋常，甘活清香細品嚐。
解得此中梁氏語，《歸田瑣記》卻精詳。

葉嘉傳

蘇軾

葉嘉，閩人也。其先處上谷。曾祖茂先，養高不仕，好遊名山，至武夷，悅之，遂家焉。嘗曰：「吾植功種德，不為時采，然遺香後世，吾子孫必盛於中土，當飲其惠矣。」茂先葬郝源，子孫遂為郝源民。

至嘉，少植節操。或勸之業武。曰：「吾當為天下英武之精，一槍一旗，豈吾事哉！」因而遊，見陸先生，先生奇之，為著其行錄傳於時。方漢帝嗜閱經史時，建安人為謁者侍上，上讀其行錄而善之，曰：「吾獨不得與此人同時哉！」曰：「臣邑人葉嘉，風味恬淡，清白可愛，頗負其名，有濟世之才，雖羽知猶未詳也。」上驚，敕建安太守召嘉，給傳遣詣京師。

郡守始令採訪嘉所在，命齎書示之。嘉未就，遣使臣督促。郡守曰：「葉先生方閉門製作，研味經史，志圖挺立，必不屑進，未可促之。」親至山中，為之勸駕，始行登車。遇相者揖之，曰：「先生容質異常，矯然有龍鳳之姿，後當大貴。」

嘉以皂囊上封事。天子見之，曰：「吾久飫卿名，但未知其實爾，我其試哉！」

因顧謂侍臣曰：「視嘉容貌如鐵，資質剛勁，難以遽用，必槌提頓挫之乃可。」遂以言恐嘉曰：「砧斧在前，鼎鑊在後，將以烹子，子視之如何？」嘉勃然吐氣，曰：「臣山藪猥士，幸惟陛下采擇至此，可以利生，雖粉身碎骨，臣不辭也。」上笑，命以名曹處之，又加樞要之務焉。因誡小黃門監之。有頃，報曰：「嘉之所為，猶若粗疏然。」上曰：「吾知其才，第以獨學未經師耳。」嘉為之，屑屑就師，頃刻就事，已精熟矣。」

上乃敕御史歐陽高、金紫光祿大夫鄭當時、甘泉侯陳平三人與之同事。歐陽疾嘉初進有寵，曰：「吾屬且為之下矣。」計欲傾之。會天子御延英促召四人，歐但熱中而已，當時以足擊嘉，而平亦以口侵陵之。嘉雖見侮，為之起立，顏色不變。歐陽悔曰：「陛下以葉嘉見托，吾輩亦不可忽之也。」因同見帝，陽稱嘉美而陰以輕浮訿之。嘉亦訴於上。上為責歐陽，憐嘉，視其顏色，久之，曰：「葉嘉真清白之士也。其氣飄然，若浮雲矣。」遂引而宴之。

少選間，上鼓舌欣然，曰：「始吾見嘉未甚好也，久味其言，令人愛之，朕之精魄，不覺灑然而醒。《書》曰：『啟乃心，沃朕心。』嘉之謂也。」於是封嘉鉅合侯，位尚書，曰：「尚書，朕喉舌之任也。」由是寵愛日加。朝廷賓客遇會宴享，未始不推於嘉，上日引對，至於再三。

後因侍宴苑中，上飲逾度，嘉輒苦諫。上不悅，曰：「卿司朕喉舌，而以苦辭逆我，余豈堪哉！」遂唾之，命左右仆於地。嘉正色曰：「陛下必欲甘辭利口然後愛耶！臣雖言苦，久則有效。陛下亦嘗試之，豈不知乎！」上顧左右曰：「始吾言嘉剛勁難用，今果見矣。」因含容之，然亦以是疏嘉。

嘉既不得志，退去閩中，既而曰：「吾未如之何也，已矣。」上以不見嘉月餘，勞於萬機，神薾思困，頗思嘉。因命召至，喜甚，以手撫嘉曰：「吾渴見卿久矣。」遂恩遇如故。上方欲南誅兩越，東擊朝鮮，北逐匈奴，西伐大宛，以兵革為事。而大司農奏計國用不足，上深患之，以問嘉。嘉為進三策，其一曰：榷天下之利，山海之資，一切籍於縣官。行之一年，財用豐贍，上大悅。兵興有功而還。上利其財，故榷法不罷，管山海之利，自嘉始也。

居一年，嘉告老，上曰：「鉅合侯，其忠可謂盡矣。」遂得爵其子。又令郡守擇

其宗支之良者，每歲貢焉。嘉子二人，長曰摶，有父風，故以襲爵。次子挺，抱黃白之術，比於摶，其志尤淡泊也。嘗散其資，拯鄉閭之困，人皆德之。故鄉人以春伐鼓，大會山中，求之以為常。

贊曰：今葉氏散居天下，皆不喜城邑，惟樂山居。氏於閩中者，蓋嘉之苗裔也。天下葉氏雖夥，然風味德馨為世所貴，皆不及閩。閩之居者又多，而郝源之族為甲。嘉以布衣遇天子，爵徹侯，位八座，可謂榮矣。然其正色苦諫，竭力許國，不為身計，蓋有以取之。夫先王用於國有節，取於民有制，至於山林川澤之利，一切與民，嘉為策以榷之，雖救一時之急，非先王之舉也，君子譏之。或云：管山海之利，始於鹽鐵丞孔僅、桑弘羊之謀也，嘉之策未行於時，至唐趙贊，始舉而用之。

品茶

梁章鉅

余僑寓浦城，艱於得酒，而易於得茶。蓋浦城本與武夷接壤，即浦產亦未嘗不佳。而武夷焙法實甲天下。浦茶之佳者往往轉運至武夷加焙，而其味較勝其價亦頓倍。其實古人品茶，初不重武夷，亦不精焙法也。據《武夷雜記》云：武夷茶，賞自蔡君謨。始謂其過北苑龍團，周右父極抑之。蓋緣山中不曉焙製法，一味計多苟利之過。是宋時武夷已非無茶，特焙法不佳而世不甚貴爾。元時始於武夷置場官員工，茶園百有二所，設焙局於四曲溪，今御茶園喊山臺，其遺跡並存。沿至今日，則武夷之茶，不脛而走四方。且粵東歲運，番舶通之外夷。武夷九曲之末為星村，鬻茶者駢集交易於此，多有販他處所產，學其焙法，以贗充者，即武夷山下人，亦不能辨也。

余嘗再遊武夷，信宿天遊觀中，每與靜參羽士夜談茶事。靜參謂茶名有四等，茶品有四等。今城中州府官 ，及豪富人家，競尚武夷茶，最著名曰花香，其由花香等而上者，曰小種而

山中茶園

已。山中則以小種為常品，其等而上者曰名種。此上以下，所不可多得。即泉州廈門人所講工夫茶，號稱名種者，實僅得小種也。有等而上之，曰奇種，如雪梅、木瓜之類，即山中亦不可多得。大約茶樹與梅花相近者，即引得梅花之味，與木瓜相近者即引得木瓜之味。他可類推。此亦必須山中之水，方能發其精英。閱時稍久，而其味亦即稍退。三十六峰中不過數峰有之。各寺觀所藏每種不能滿一斤，用極其小之錫瓶貯之，裝在各種大瓶間，遇貴客名流到山始出少許，鄭重瀹之。其用小瓶裝贈者，亦題奇種，實皆名種。雜以木瓜梅花等物以助其香，非真奇種也。

至茶品之四等，一曰香，花香小種之類皆有之，今之品茶者，以此為無上妙諦矣。不知等而上之，則曰清，香而不清，尤凡品也。再等而上，則曰甘。香而不甘，則苦茗也。再等而上之，則曰活，甘而不活，亦不過好茶而已。活之一字，須從舌本辨之，微乎微乎！然亦必瀹以山中之水，方能悟此消息。

此等語，余屢為人述之，則皆聞所未聞者，且恐陸鴻漸《茶經》未曾夢及此矣。憶吾鄉林越亭先生《武夷雜詩》中有句云：「他時詫朋輩，真飲玉漿回。」非身到山中，鮮不以為欺人語也。

晚甘侯傳

蔣衡

晚甘侯，甘氏如薺，字森伯，閩之建溪人也。世居武夷丹山碧水之鄉，月澗雲龕之奧。甘氏聚族其間，率皆茹露飲泉，倚岩據壁，獨得山水靈異，氣性森嚴，芳潔回出塵表。呼吸之間，清風徐來，相對彌永，覺心神倍爽，頃滯頓消。大約森伯之為人，見若面目嚴冷，實則和而且正；始若苦口難茹，久則淡而彌旨，君子人也。然亦卒以此不諧於俗。慶曆間，蔡君謨襄為福建運使，始薦於朝。得召對，使待詔尚食郎，而為開府於建之鳳凰山，置北苑使領之。培植造就，歲拔其尤以貢。是時上眷方隆，當宵衣恭默，嘗得侍禁祕。森伯雖故冷面，而上愈益優渥之；亦時時進苦口，上亦茹納之。由是森伯聲價重天下，公卿爭欲得以為榮。已而，其別族之居日注者漸有名兩浙間，而雙井白氏尤盛。世皆以其甘脆可悅，而嫌森伯之難近也。久之，遂得進幸，而漸絀森伯。未幾，罷貢，放還鄉里，森伯疾俗好之難諧也。真賞之，莫逢也；夭邪之，害正也。優遊林

下，日與幽人逸士遊。嘗慷慨太息，以為自古人君莫不欲得苦口之臣，職司喉舌，翼有補導。卒之，便利之徒日以進，剛嚴之士日疏者，蓋甘乃易入，苦則難茹，人情然也。與眉山蘇軾最善，軾有《寄錢安道》詩，論及森伯。至此之汲暗，蓋寬饒。森伯聞之，歎曰：「東坡，我鮑叔也。抑吾於蘇氏微特，臭味之投，毋亦其性有近焉者乎？熙寧、紹聖不可言矣。當元祐時，司馬君實得政，君子道長矣。而東坡猶以不安於朝。洎建中初，韓、曾崛起，黨籍諸臣，以次收用，獨蘇氏兄弟尚領宮祠。故東坡論爭以苦硬。如坡者正，復坐硬耳。夫以元祐、建中之會，司馬、韓曾之賢，猶不能無限於二蘇。他何論焉。時事若此，可以隱矣。先是森伯之祖，嘗與王肅善。及肅入魏，而見辱於酪奴。至是又為日注、雙井後進夭邪者所奪，遂戒子孫勿士進。及卒，同人私謚曰晚甘侯，表其節也。子孫散處建陽、武夷者甚藩滋，而森嚴芳潔，大有乃祖風。

讚曰：建溪山水深厚，其大酵，茂而質直。余嘗遊武夷，流覽三十六峰之勝，見森伯故所，居處山皆石骨，水多甘泉，土性堅而腴。森伯之風味若此，毋亦地氣使然耶？嗟夫，以森伯之冷面苦口，雖非如羹之用，使得為御使都諫，其風力顧何如哉？

茗談

連橫

臺人品茶，與中土異，而與漳、泉、潮相同；蓋臺多三州人，故嗜好相似。茗必武夷，壺必孟臣，杯必若琛，三者為品茶之要，非此不足自豪，且不足待客。

武夷之茗，厥種數十，各以岩名。上者每斤一二十金，中亦五六金。三州之人嗜之。他處之茶，不可飲也。

新茶清而無骨，舊茶濃而少芬，必新舊合拌，色味得宜，嗅之而香，啜之而甘，雖歷數時，芳留齒頰，方為上品。

茶之芳者，出於自然，薰之以花，便失本色。北京為仕宦薈萃地，飲饌之精，為世所重，而不知品茶。茶之佳者，且點以玫瑰、茉莉，非知味也。

北京飲茶，紅綠俱用，皆不及武夷之美；蓋紅茶過濃，綠茶太清，不足入品。然北人食麥飫羊，非大壺巨盞，不足以消其渴。

江南飲茶，亦用紅綠。龍井之芽，雨前之秀，匪適飲用。即陸羽《茶經》，亦不合我輩品法。

安溪之茶曰鐵觀音，亦稱上品，然性較寒冷，不可常飲。若合武夷茶泡之，可提其味。

烏龍為北臺名產，味極清芬，色又濃郁，巨壺大盞，和以白糖，可以袪暑，可以消積，而不可以入品。

孟臣姓惠氏，江蘇宜興人。《陽羨名陶錄》雖載其名，而在作者三十人之外。然臺尚孟臣，至今一具尚值二三十金。

壺之佳者，供春第一。周靜瀾《臺陽百詠》云：「寒榕垂蔭日初晴，自瀉供春蟹眼生。疑是閉門風雨候，竹梢露重瓦溝鳴。」自注：「臺灣郡人茗皆自煮，必先以手嗅其香。最重供春小壺。供春者，吳頤山婢名，善製宜興茶壺者也。或作龔春，誤。一具用之數十年，則值金一笏。」

《陽羨名陶錄》曰：供春，學憲吳頤山家童也。頤山讀書金沙寺中，春給使之暇，竊仿老僧心匠，亦陶細土摶坯……指螺文隱起可按……今傳世者栗色闇闇，如古金鐵，敦龐周正，允稱神明垂則矣。

又曰：頤山名仕，字克學，正德甲戌進士，以提學副使擢四川參政。供春實家僮。是書如海寧吳騫編。騫字槎客。所載名陶三十三人，以供春為首。

供春之後，以董翰、趙良、袁錫、時鵬為最，世號四家，俱萬曆間人。鵬子大彬號少山，尤為製壺名手，謂之時壺，陳迦陵詩曰：「宜興作者稱供春，同時高手時大彬。碧山銀槎濮謙竹，世間一藝皆通神。」

大彬之下有李仲芳、徐友泉、歐正春、邵文金、蔣時英、陳用卿、陳信卿、閔魯生、陳光甫，皆雅流也。然今日臺灣欲求孟臣之制，已不易得，何誇大彬。

臺灣今日所用，有秋圃、萼圃之壺，製作亦雅，有識無銘。又有潘壺，色赭而潤，係合鐵沙為之，質堅耐熱，其價不遜孟臣。

壺經久用，滌拭日加，自發幽光，入手可鑒。若膩滓爛斑，油光的爍，最為賤相。是猶西子而蒙不潔。寧不大損其美耶？

若琛，清初人，居江西某寺，善製瓷器。其色白而潔，質輕罄而堅，持之不熱，香留甌底，是其所長。然景德白瓷，亦可適用。

杯忌染彩，又厭油膩。染彩則茶色不鮮，油膩則茶葉味盡失，故必用白瓷。瀹時先以熱湯洗之，一瀹一洗，絕無纖穢，方得其趣。

品茶之時，既得佳茗，新泉活火旋瀹旋啜，以盡色聲香味之蘊，故壺宜小不宜大，杯宜淺不宜深，茗則新陳合用，茶葉既開，便則滌去，不可過宿。過宿之壺，中有雜氣，或生黴味，先以沸湯溉之，旋入冷水，隨則瀉出，便復其初。

煮茗之水，山泉最佳，臺灣到處俱有。聞淡水之泉，世界第三。一在德國，一在瑞士，而一在此。余曾與林薇閣、洪逸雅品茗其地。泉出石中，毫無微垢，寒暑均度，裨益養生，較之中泠江水，尤勝之也。

掃葉烹茶，詩中雅趣。若果以此瀹茗，啜之欲嘔，蓋煮茗最忌煙，故必用炭。而臺以相思炭為佳，炎而不爆，熱而耐久。如此電火、煤氣煮之，雖較易熟，終失泉味。

東坡詩曰：「蟹眼已過魚眼生，颼颼欲作松風鳴。」此真能得煮泉之法。故欲學品茗，先學煮泉。

一杯為品，二杯為飲，三杯止渴。若玉川之七碗風生，真莽夫爾。余性嗜茶而遠酒，以茶可養神而酒能亂性。飯後睡餘，非此不怡，大有上奏天帝庭，摘去酒星換茶星之概。

瓶花欲放，爐篆未消，臥聽瓶笙，悠然幽遠。自非雅人，誰能領此？

四、看山・看水・品茶・悟茶

一直覺得，武夷岩茶的特別，就在於它與自然、山水、人文的完美融合。飲一杯茶，就如同遊歷了一片山水、一段歷史，還有一段人生。

武夷茶是自然之茶，也是人文之茶。

愛茶的你，不妨與我一起，在美麗的武夷山看山、看水、品茶、悟茶，也許，你會看到一個不一樣的武夷山，品到不一樣的武夷茶……

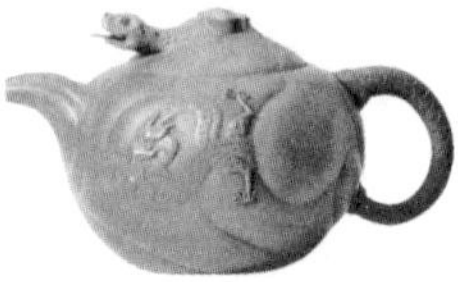

寂寞遇林亭

遇林亭位於武夷山腹地的燕子窠，宋代這裡出產各種「烏金釉兔毫」瓷器，而這兔毫盞，就是當時風行於朝野的鬥茶與分茶的指定用具。

宋代的瓷器工藝傑出，被稱做「瓷的時代」，其瓷器既超越了以往各時期的產品，又為明清各代所取法，成為聞名世界的工藝品，尤其在釉色的運用上，為瓷工藝開闢了新的境界，黑釉瓷就是其中的一枝奇葩。當時，在離武夷山不遠的建陽水吉，有宋代著名的建窯，所產的黑釉瓷「建盞」，被稱做世界陶瓷史上的傑作。它的風格巧奪天工：在烏金黑釉中，浮現著大大小小的斑點或兔毫花紋，周圍躍動著暈色的藍色輝光，燦藍的光輝隨著人們觀

遇林亭

賞角度的變化而移動著位置。南宋嘉定十六年（1223年），兩個日本人隨道元禪師來到中國，到建窯學習製瓷技藝，五年後回國，開創了日本製瓷業的先河。如今，建瓷在日本被稱為「兔毫天目」，視為國寶。在2005年廈門恆升春季藝術品拍賣會上，一件珍貴的宋代建窯瓷器「耀變天目盞」就以一千三百萬元的高價拍出，足見其珍貴。

建窯水吉舊址佔地二十萬四千平方米，還遺留著大量的廢窯堆積、窯具匣缽和黑瓷殘片。武夷山遇林亭窯與水吉窯相較，品質花色並無不同，但水吉窯盞底有「御供」字樣，遇林亭窯則沒有，顯示了官窯與民窯的區別。遇林亭古窯址在上世紀五十年代文物普查中被發現，鑑於當時的條件沒有進行挖掘只是用土將其封存，一直到前些年因修建環景區的高星公路才對其進行了搶救性的挖掘。

從高蘇阪往遇林亭的路上，有小村莊名叫官莊、官埠頭的，而這條大路，過去也被人稱做官道，據說這是在武夷山茶葉貿易興盛之時，各地客商往來的通道和驛站。

一個夏日的午後，我們去遇林亭。是雨後的陰天，層雲遮蔽了日光，但山水之色

倒是越發清綠了。官莊前的柏油路靜靜地伸向遠方，怒放的野菊給路鑲上了一道金邊。沒有人，也沒有車，路邊是一條淙淙流動的小溪，溪邊是等待收割的稻田，不時的，有幾隻白鷺上下翻飛，遠處是翠綠的竹林和層層的茶園，更遠處是重重疊疊的山，那些山勻停有致地排列著，由綠而藍，由藍而黛，在又高又遠的地方融入藍天。幾座靜謐的農家小院疏疏落落地散落在其間，家門前的水塘裡，雪白、粉紅的蓮亭亭玉立於夏日的午後。我們彷彿走在一幅畫裡。

遠望左邊之山峰，有外形酷似蓮花者，這便是著名的蓮花峰了。蓮花峰竹木蒼蒼，寒泉幽幽，終歲雲霧繚繞，四時嵐氣襲人，峰頂有一妙蓮古寺藏於岩中，不施片瓦而風雨不侵，為典型之崖寺。

轉過蓮花峰的山口，突然眼前一亮：在眾山環抱的山間點綴著一群仿古建築，白牆紅瓦，襯著山與樹的綠色。路邊的一座石碑上赫然刻著「遇林亭窯址」幾個大字。

走過一座石橋，有一座仿宋建築的展廳。在燈光照射的透明展臺裡，我們看到了這種底小壁斜，下窄上寬，盞口下有折痕的古盞，大大小小，形態不一，以茶盞居多。

當時的宋徽宗說：「茶之為物，擅甌閩之氣，鍾山川之靈稟。祛襟滌滯，致清導和。沖淡閒潔，韻高致靜。縉紳之士，韋布之流，沐浴膏澤，薰陶德化，盛以雅尚相推，從事茗飲。天下之士，勵志清白，啜英咀華，可謂盛世之清尚。」在朝野中宣導鬥茶和茶百戲。鬥茶也好，茶百戲也好，都崇尚白色，所以茶具的選擇十分重要，黑釉瓷茶盞也就應運而生。蔡襄在《茶錄》中說：「茶色白，宜黑盞。」、「其杯微厚，久之熱難冷，最為要用。」當時遇林亭燒製的茶盞，設計成底小壁斜，下窄上寬，便於注水後茶香顯溢，盞口下有折痕注溝線，便於鬥茶時觀察水痕。當然美觀也很重要，宋徽宗在《大觀茶論》中說：「盞色貴青黑，玉毫條達者為上。」

走出展廳，沿著一條石頭鋪就的小徑前行，耳邊響起泠泠的水聲，靜靜的山谷空無一人，一條小溪從兩山之間流出，幾隻夏蟬在悠然地鳴叫，令人想起王維的「蟬噪林愈靜，鳥鳴山更幽」的意境。小溪在兩山之間的開闊地放緩了腳步，跌進了幾個池塘，池水清澈可愛，塘邊的石頭上刻著「淘洗池」、「古井」等字樣，想來是當時製陶洗陶用的水池了。小溪流出水塘分做兩路奔下山谷，其中一條之上竟有一座宋橋，小橋寬不足

兩米，用石條砌就，石色青黑，上面長著些小花小草，可遠觀不可近玩，古趣盎然。離宋橋不遠，是一尊紅色的花崗岩座像，雕刻的是一個製陶工人，他盯著手中的陶坯，似乎還在專心致志地工作著。

小溪上飄來淡淡的花香，循著花香而去，我們在一座小山腳下鑽進另外一個為長亭、花木遮蔽的龍窯遺址。龍窯是一種用來燒製瓷器的窯，形似一條狹長的通道，順著山勢，窯身前低後高，頭在前，尾在後，好像一條俯衝而下的火龍，故稱龍窯。它也像一條向下爬行的蛇或蜈蚣，所以也被稱為蛇窯或蜈蚣窯。使用龍窯可以提高窯溫，使溫度達到一千三百度左右，保證燒出具有較高強度、硬度的瓷器。我們站在這長百餘米的窯邊，看到那些整整齊齊排列的古瓷，它們穿著匣缽靜靜地躺在那裡，穿過近千年的歲月，躺在泥土裡，像在訴說，又彷彿沉默著，猶如一群陶瓷的兵馬俑。

沿著長亭的盡頭折下山，看見對面的山上也有一座相同的龍窯，兩窯遙遙相對，彷彿一隻鳥張開雙翼飛翔在群山間。循著小溪，我們聽到嘩嘩的水聲，前方山腳下，有茶亭一座亭內擺著些樹根做的茶桌茶椅，坐在亭中，清風徐來。舉目望去，竟見對面狹長的山谷中有一小小的瀑布逐級傾瀉而下，在亭下沖出一個小水潭，人在亭中，便宛在水中央了。一座古老的小水車在水邊正吱呀吱呀地轉動著。

我有一種微醺的感覺，彷彿曾經來過這個地方。何時呢？前世？或是夢中？

夕陽西下，我們離開。遇林亭依舊不為人知地寂寞著。

御茶園與喊山

在武夷山九曲溪的四曲之畔，地勢平坦之處，奇俏秀麗的隱屏峰前，有始建於元代的御茶園遺址。

元朝至元十四年（1277年）浙江平章事高興在遊覽武夷山、品飲了武夷岩茶後，悟到了武夷岩茶高雅的韻味，便「羨芹思獻，始謀沖佑觀道士，採製做貢」，當時，他監製了「石乳」數斤敬獻給皇上，深得皇帝賞識。至元十九年，高興又命令崇安縣令親自監製貢茶，「歲貢二十斤，採摘戶凡八十。」大德五年（1301年），高興的兒子高久住任邵武路總管，就近到武夷山督造貢茶。大德六年（1302年），創皇家焙局於武夷四曲

御茶園遺址

溪畔，不久改名為「御茶園」。從此，武夷茶正式成為獻給朝廷的貢品，每年必須精工製作龍鳳團餅，沿著驛站運到元大都。

御茶園的建築巍峨、華麗，完全按照皇家的規格和模式建造。先進仁鳳門，迎面是拜發殿（亦名「第一春」），園內還有清神堂、思敬堂、焙芳堂、宴嘉亭、宜寂亭、浮光亭、碧雲橋等，又有通仙井，覆有龍亭，稱為通仙亭，「皆極丹殿之盛」。

御茶園設有場官、工員等職。由場官主管歲貢之事。後來貢製作擴大，採摘、製茶的農戶增加到了二百五十戶，採茶三百六十斤，製龍團五千餅。

元泰定三年（1326年），崇安縣令張瑞本在御茶園的左右兩側各建一場，懸掛「茶場」的大匾。元至順二年（1331年），建甯總管在通仙井之畔修建了一座高五尺的高臺，稱為「喊山臺」，山上還建造了喊山寺，供奉茶神。每年驚蟄之日，御茶園官吏偕縣丞等官員要親自登臨喊山臺，祭祀茶神。祭文的內容是：「惟神，默運化機，地鍾和氣，地產靈芽，先春特異，石乳流香，龍團佳味，貢於天下，萬年無替！資爾神功，用申當祭。」祭畢，隸卒鳴金擊鼓，鞭炮聲響，紅燭高燒，茶農們擁集臺下，同聲高喊：「茶發芽！茶發芽！」聲徹山谷，回音不絕。據說，在嘹亮的喊山聲中，通仙井的水會慢慢上溢。現在的人一般認為驚蟄之日，地氣溫熱，加上祭祀茶神時火燻熱炙，使得地溫升高，井水上溢。至於「茶神享醴，井水上溢」的說法，無非表達了勞動人民的美好願望，為自己的製茶活動增加一種奇異的民俗色彩。通仙井的泉水也因此，被人們稱作「呼來泉」。喊山，拉開了御茶園繁雜、細緻的製茶程序的序幕。

穀雨之後的一個多月，各茶廠相繼開始採摘春茶，開採前還要舉行開山儀式。開山採摘的第一天，全廠茶工，在天色微明時即起床並洗漱完畢。廠主在供奉的茶君「楊太白神位」前，燃燭燒香禮拜。全廠人員禁止說話，站立著吃早飯，飯後由領山師傅引路，在鞭炮聲中列隊上山。茶工出廠直至茶園既不得說話，也不得回頭顧看，到達茶園後，由領山師傅以手指示各茶工開採。約一個時辰後，廠主到茶園分菸給採茶工，然後開禁，即可休息抽菸，開始說話。此時朝霧盡散，春和日暖，有採茶山歌應和，儀式至此結束。

關於種茶之辛苦、採茶之勞累、送供之艱辛，我們可以從文人墨客的筆下見到一二：「百草逢春未敢發，御花蓓蕾拾瓊芽。武夷真是神仙境，已產靈芝又產茶。」讚美了御茶園茶樹長勢喜人。「採摘金芽帶露新，焙芳封裹貢楓宸。山靈解識君王重，土脈先回第一春。」寫的是採摘御茶。至於「歲簽二百五十戶，需知一路皆驛騷。……封題貢入紫檀殿，角盤瓔碗情薛操。小團硬餅碾成屑，牛湩馬浮傾成膏。君臣第取一時快，詎知山農摘此田不毛！」不但描繪了送茶入貢的情形，更對統治

祭茶

階級為取一時之樂而致山農不堪重負的社會現實予以了批判。

明朝建立之後，貢茶制度依然沿襲前朝。明洪武二十四年（1391年），皇帝詔令全國產茶之地按規定的貢額每歲入貢，並詔頒福建建寧府（武夷山當時歸屬建寧府）所貢之茶為上品。當時的貢茶品名有探春、先春、次春、紫筍四種。而且規定不再費時費工製作「大小龍團」，而是按照新的製作方法改製散茶入貢。明嘉靖三十六年（1557年），由於御茶園疏於管理，茶樹枯敗，武夷茶遂免於進貢。

御茶園的歷史，前後經歷了兩百五十五年。

清代的董天工寫過一首《貢茶有感》：

武夷粟粒芽，採摘獻天家。

火分一二候，春別次初嘉。

壑源難比擬，北苑敢矜誇。

貢自高興始，端明千古污。

這首詩評價了御茶園的是非功過，前三聯寫其功，說武夷山中的靈芽採摘了是要獻

給皇家的，經過了精心的製作之後，品質之勝，令壑源和北苑茶都不敢在它面前矜誇。最後一聯寫其過，說它太勞民傷財了，要怪的首先是北宋的蔡襄（曾任端明殿學士），然後就是始建御茶園的高興了，誰讓你們在皇帝面前那樣極力地推薦武夷茶啊。但實事求是地說，如沒有他們的積極推動，也許在相當長的時期內，武夷茶還是「養在深閨人未識」的。

如今，御茶園的遺址依然靜靜地立於九曲溪畔，水繞山環，景致極佳，在茶科所的品種園內，可遠眺玉女峰的背影，令你不得不佩服當年高興選址此處的眼光。漫步園中，通仙井早已乾涸，井沿之上，芳草萋萋，令人不勝今昔之感。在園內的茶樓上品清茗一杯，亦是一種難得的享受。

鬥茶與分茶

在宋之前的唐代，武夷茶的製作和品飲方法是：將茶葉從樹上採摘下來之後入釜中蒸煮，再用杵臼搗碎，然後拍成餅團，再將餅團串起來焙乾封存。飲用時，把茶餅碾成粉末，然後用紗絹做的羅篩篩出極細的茶末放入釜中的滾水中煎煮。唐時武夷山的所謂「研膏」、「臘麵」指的就是這種茶。

宋代是武夷茶發展的重要時期，其不凡的品質逐漸被發現和認同。飲茶方式也更為講究，關鍵是開始由煮飲改為品飲。宋徽宗在《大觀茶論》中盛讚建茶說：「其採摘之精，製作之工，品第之盛，莫不盛造其極。」但當時對茶的泡飲主要目的不在喝而在於鑑賞。據說鬥茶源於建州茶區，為了徵集製作貢茶的原料，每年新茶產出之後，要在武夷山競臺展開一場新茶評比活動，其中的優勝者即可成為北苑官焙的原料，范仲淹的詩句云：「爭先買寵各出意，年年鬥品充官茶。」說的就是當年鬥茶的盛況和參賽者的心態。

但是當時的武夷茶，並非人人都能享用。由於上層社會和統治者的偏好，再加上文人雅士的大肆宣傳，將源於建州茶鄉的鬥茶發展成為一種精神享受，具有高雅的意趣。其內容有點茶和試茶，以品評茶質的高低而分輸贏。范仲淹的《和章岷從事鬥茶歌》中有：「年年春自東南來，建溪先暖冰微開，溪邊奇茗冠天下，武夷仙人從古栽。……鬥

茶味兮輕醍醐，鬥茶香兮薄蘭芷。其間品第胡能欺，十目視而十手指。勝若登仙不可攀，輸同降將無窮恥……」就是當時鬥茶盛況的寫照。

鬥茶講究水質和茶具。當時推崇建窯出品的「兔毫盞」。這種盞底小壁斜，下窄上寬，使茶湯易乾而不留渣，使茶的香味散發益顯，越宿不餿。建盞在盞口沿下1.5～2釐米處有一條明顯的「注湯線」，就是為鬥茶時觀察水痕而設計的。

宋人鬥茶，是將研細了的團茶末放在茶盞裡，一邊用沸水沖，一邊用茶筅擊拂，直至盞中的茶呈懸浮狀，泛起的沫積結於盞沿四周。然後從兩個方面來決定勝負。一是湯色，指茶水的顏色。一般以純白為上，青白、灰白、黃白則等而下之。二是指湯花，指湯麵泛起的泡沫。決定湯花之優劣要看兩個標準：一是湯花的色澤，湯花的色澤標準與湯色的標準是一樣的。第二是湯花泛起後，水痕出現的早晚，早者為負，晚者為勝。計算勝負的術語叫「水」，說兩種茶的等次相差幾個等次就叫「相差幾水」。

鬥茶的操作技藝是這樣的：按照茶盞的大小，用銀勺挑上一定量的茶末，放入滌燙過的茶盞中，然後向盞內注沸水，調成膏狀。然後再進行點注，點注時要準確而有節制，不然「茶少湯多則雲腳散，湯水少則粥面緊」注茶時還需一手注水，一手執茶筅，旋轉拂動茶盞中的茶湯，使之泛成湯花。運筅要注意輕重緩急，與點注配合默契，才能達到最佳效果。

除了鬥茶之外，宋代還流行「分茶」。就是用沸水沖茶末，使茶乳變幻成圖形字跡的一種遊戲，又稱「茶百戲」。宋初陶谷在《荈茗錄》中記載：「近世有下湯運匕，別施妙訣，使湯紋水脈成物象者。禽鳥、蟲魚、花草之屬，纖巧如畫，但須臾散滅，次茶之變也。」詩人楊萬里《瞻庵座上觀顯上人分茶》一詩中寫道：「分茶何似煮茶好，煮茶不似分茶巧。蒸水老禪弄泉手，隆興元春新玉爪。二者相遇兔甌面，奇奇怪怪真善幻。紛如劈絮行太空，影落寒空能萬變……」茶水交融，變幻出奇異的景象。據說還有人能夠注湯幻出茶詩！

蔡京在《延福宮曲宴記》中記敘了這樣一件事：北宋宣和二年十二月，有「通百藝」之稱的宋徽宗，召請眾臣，宴會於延福宮。宴罷，命侍臣取來茶具，親自注湯表演

分茶之藝。不一會兒，「白乳浮盞面，如疏星朗月」。既然皇帝有此喜好，上行下效，流行之廣可以想見。

宋代空前繁榮的茶事，通過來華的僧人傳到了日本，演化成了獨具特色的日本茶道。在鬥茶和分茶的活動中，那種講究情趣、將生活藝術化的審美傾向對後世的知識份子產生了很大的影響，為形成後世的中國茶藝奠定了基礎。

下梅村裡古風存

在武夷山風景區以東四公里處，梅溪的下游，有一處古老的村落，這就是下梅。下梅村的面積約2.6平方公里，是清代康熙年間武夷山著名的茶市，也就是那條由晉商常氏開闢的「茶商絲綢之路」的起點，武夷茶就是從這裡被推上世界舞臺的。1999年，武夷山被批准為世界自然與文化遺產，下梅以其保存完好的清代古建築以及與武夷茶發展的密切關係，成為世界遺產的組成部分。

水路的便利，使下梅成為了清代武夷茶轉運的中心。如今，那條清亮的人工小運河——當溪依舊靜靜地穿過村落，幾隻可愛的小土狗在古街上追逐嬉戲，村中的老人圍坐在溪邊木結構的長廊下談天說地，粉牆黛瓦的老屋隨處可見，一派江南小鎮的怡靜風光。古街上最顯赫的建築便是鄒氏家祠，鄒氏家祠建於乾隆五十五年（1790年），佔地約二百平方米，為磚木結構，由鄒氏禹章、茂章、舜章、茵章四兄弟合資修建。祠門以幔亭造型，對稱佈列梯式磚雕圖案，以及「木本」、「水源」書法二幅，意思是家法血緣有如木之本、水之源。正廳裡的兩根立柱分別由四塊木料拼成，以「十」字行的木隼相接，寄寓了鄒氏四兄弟團結一致的意蘊。這鄒氏據《崇安縣新志》記載：「下梅鄒氏原籍江西之南豐。順治年間鄒元老由南豐遷上饒。其子茂章復由上饒至崇安（今武夷山市）以經營茶葉獲資百餘萬，造民宅七十餘棟，所居成市。」當時下梅是梅溪流域最大的

下梅村老街

集鎮，水運條件便利，竹筏可以直達赤石的茶行。

自古以來武夷山寺觀眾多，早期武夷茶為寺僧自採、自製、自用，並非以貿易為目的。到了明代，武夷茶有所發展，外銷與番夷互市，內貿銷量也大，「水浮陸轉，鬻之四方」，產銷兩旺，商賈雲集，因而引起朝廷的疑懼，怕深山「藏犴」，危及國家的安全。故禁茶山，罷茶市，教民務農。蔣蘅在《武夷偶述》中有較詳細的記述：「明盡革（指朱元璋詔會改團茶為敬茶），官場捐利於民。國朝又以此與番夷互市，由是商賈雲集，窮崖僻徑人跡絡繹，哄然成市矣。山中道僧，隴斷居奇……貨利所在，奸宄（指違法作亂的人）之媒，砍木撤屋，所在多有……禁茶山，罷茶市，盡驅客氓出境，教之務農樂業，以安其生。」加上貢茶制度的危害，武夷茶衰落了。

清初，小種紅茶開始興起，一經問世，便受到追捧。在海上通道尚未打通之前，具有財取天下之抱負的晉商常氏就製茗於武夷山，紮根於俄羅斯之恰克圖，開創了綿延七千多公里、堪與絲綢之路相媲美的中國第一條茶商之路，成為中國對外貿易的第一世家。

鄒氏家祠

而下梅，這個偏居武夷山一隅的小鎮也是「每日竹筏三百艘，轉運不絕」，與常氏做生意的便是崇安的鄒氏家族。鄒氏茶商經營的武夷茶過分水關到江西河口鎮後入信陽，由水路進鄱陽湖至湖口，溯長江至漢口，在漢口經鑑定分裝，按商號分配，花茶多在華北銷售，磚茶和紅茶運到張家口改由駱駝隊運輸一千一百多公里到達庫倫，再走四百多公里到達中俄邊境的恰克圖，然後再由俄羅斯轉運到歐洲各地。而鄒氏在恰克圖亦設有茶莊，做為銷售的據點。

曾經到過山西榆次，遊覽過常氏家族不惜工本營造的精神家園——擁有「一山一閣，兩軒五院，四院九堂，六水八帖」的常家莊園，其間充溢的中國茶商的儒氣香風，體現的高雅的文化品味和凝重的歷史底蘊，令我震撼。而在千萬里之外的鄒家，

也在下梅營造了屬於自己的家園，我們穿過悠長的小巷，走進鄒氏大夫第，精美的磚雕、石雕、木雕讓我們應接不暇，陽光從天井撒下，石條砌就的花架上擺滿了蘭花，魚兒在石缸裡悠遊，老屋中暗香浮動。

鄒氏的後人依然生活在這裡，過著漁樵耕讀的鄉居生活。茶商之家，得之於茶風的薰陶，總是不俗的吧。

道光、咸豐年間，水陸交通更為便利的赤石經營紅茶成功。山西客商改到崇安縣採辦，運到關外銷售。五口通商以後，潮州、廣州等地的客商到崇安縣採辦，然後運到福州、汕頭、香港，銷往廈門、晉江、潮陽及南洋各地，「其用途不僅待客，且以之做醫療之良劑……抗戰後，轉運為難，晉江等處歲無茶可售，病者至以包茶紙代之。」

下梅漸漸風光不再。

老屋裡的蘭花

曹墩的早晨

暑假在家的時候，一天早晨，早早起了床，正好老爸要去買菜，他說不然我們去鄉下買吧，買點土豬肉回來，我給你們做紅燒大排。

紅燒大排是我爺爺的拿手菜，爺爺不在了，自然就成了老爸的拿手菜。具體的做法是：取豬的大排連骨帶肉切成薄片，用醬油、味精、料酒、香料醃製半小時後入鍋油炸，炸至肉色金黃時起鍋。然後取一容器，鋪以白扁豆若干，將炸好的大排置於其上，再入蒸鍋蒸至熟爛。起鍋的時候，最好取一淺綠的大盤來盛，綠色的盤配以金黃的肉和白色的扁豆，不說吃，視覺上就有先聲奪人的效果。

我知道老爸是童心未泯想借買菜之機去玩呢，於是爽快答應。

開車直奔目的地高蘇阪，一到那，發現我們已經來

曹墩

遲了，那天剛好是趕墟的日子，賣土豬的確有幾攤，不過都只剩些肥肉和內臟。老爸失望至極，不過兩秒鐘後又豪氣萬丈地說：「繼續找！」

看來他是和那塊想像中的土豬肉較上勁了。

老爸說要帶我們去曹墩，一個世代以製茶為業的小村落。

我們沿著溪流的岸邊前行，一路的美景差點讓我們忘卻了此行的目的。途中在一茶農的家中小憩，他的家臨溪而建，站在窗邊，一股清涼的綠意撲面而來，啊，原來綠色也是有溫度的。院裡有臺階通往小溪，穿過飄散著幽香的小徑，臺階的盡頭，一泓碧波如鏡。真真世外桃源！記得《浮生六記》裡的芸娘曾與丈夫在鄉下的菜園避暑，她對丈夫說：「他年當與君卜築於此，買繞屋菜園十畝，課僕嫗，植瓜蔬，以供薪水。君畫我繡，以為持酒之需。布衣飯菜，可樂終身，不必做遠遊計也。」可惜啊，那樣的夫妻只能活在泛黃的書卷裡。

再往前，穿過一片碧綠的稻田，曹墩已在眼前。
這是一個美麗安靜的村落，一條清亮的小溪從村中流過，有女人在溪邊洗涮，老人和孩子坐在自家門前好奇地打量我們這些不速之客。那些古老的院落，門樓上都有精緻的磚雕，告訴我們這家的主上曾經的輝煌。可以聞到淡淡的蘭花的馨香。走在那長長的石板路上，彷彿時光也在悄悄倒流。

在別人的指點下，老爸終於買到了他心儀的土豬肉。他心滿意足地走在前面，估計已在想像這塊肉變成美味佳餚時的樣子。其實已經有人悄悄告訴我了，今天村裡賣的肉也是從城裡運來的，那又有什麼關係呢？我們慢慢遊走，享受這鄉村夏日的美好時光。

在一個巷口，我停下腳步，兩個小姑娘正在專注地揀茶，她們眉目如畫，溫順、乖巧，那青山綠水洗過的笑靨，一如我的童年。

揀茶的小姑娘

夢回白水

前日，讀有風博友的美文《醉臥大王峰下，九曲溪畔》，彷彿重見蘇子筆下承天寺藻荇交錯的夜色，遂想起故鄉武夷山青玉般的月光，還有那月光曾經朗照的古人。柳永，宋代詞人，他的故鄉在武夷山下一個叫做白水的小村莊。

冬日的雨後，當我徜徉於這個叫白水的村莊，我的心彷彿滿滿，又彷彿空空蕩蕩。像一個孤獨的遊子，想要找誰一訴衷腸。

雨後的村莊，清冷、寂靜，遠遠的鵝子峰如一位清臞的女子在薄霧中靜立，小溪緩緩走來，彷彿來自時光與歲月寂寞的深處。

一些文字，莫名地，如水銀瀉地：

對瀟瀟暮雨灑江天，一番洗清秋。漸霜風淒慘，關河冷落，殘照當樓。
是處紅衰翠減，苒苒物華休。惟有長江水，無語東流。
不忍登高臨遠，望故鄉渺邈，歸思難收。嘆年來蹤跡，何事苦淹留？

想佳人妝樓顒望，誤幾回天際識歸舟。爭知我，倚闌杆處，正恁凝愁。

柳永，他終於想家了。

在清秋、在雨後、在夕陽的殘照裡，花兒都謝了，綠葉都凋零了，無語流淌的長江水邊，這個浪跡天涯的遊子，他想家了。究竟是為了什麼呢？像浮萍一樣流浪。可是在我的故園，在那妝樓之上，我的佳人，還在那裡癡癡等待，多少回誤識了天際的歸舟啊！然後，轉過身，孤獨寂寞如靜靜的衣帶。可是，她應該知道的，在遙遠的遠方，有一個人，也正斜倚闌杆，癡癡回望。

每次讀到這裡，總是不免揪心，為這個癡情等待的女子。

關於柳永的愛情，我們知之甚少。只覺得他是一個塵世的享樂分子，他來到世間一為寫詞，一為風月。他愛這世間無邊的風月，更愛那些得山水清氣的女子。他和她們在一起，她們給他靈感，她們亦是愛他、仰慕他，於是，他的歌在她們的口中傳唱，在宋朝和那之後的天空飛翔。

那些文人討厭他、詆毀他，說他卑鄙低下。但最終，那些討厭他、詆毀他的人都在追隨他、模仿他，但是誰又能模仿得了他那與身俱來的風流蘊藉和天真爛漫之氣！就連蘇軾都不得不讚他，說他的詞作實在「不減唐人高處」，來為他辯白。而且蘇軾，也的確沿著他的足跡，漸漸走上一條新路了。

但這些「壞名聲」還是給他惹了麻煩，參加科考的時候，仁宗皇帝曰：「此人任從花前月下，淺斟低唱，豈可令仕宦！」

為此，他發了一通《鶴沖天》這樣的牢騷：

黃金榜上，偶失龍頭望。明代暫遺賢，如何向？未遂風雲便，爭不恣狂蕩。何須論得喪？才子詞人，自是白衣卿相。

煙花巷陌，依約丹青屏障。幸有意中人，堪尋訪。且恁偎紅依翠，風流事，平生暢。青春都一餉。忍把浮名，換了淺斟低唱。

你們這些有眼無珠的蠢貨啊，不給我功名算得了什麼！我是才子我怕誰啊！此地不留我，自有留我處！

寫到這裡，我真的難以想像，多年以後，當他換上一副奔波勞碌的中年形象，他會寫下「凝淚眼，杳杳神京路，斷鴻聲裡長天暮」這樣的句子。

然後，再下一刻，當那些於煙花巷陌中偎紅依翠的歲月流逝之後，他漸行漸遠，寂寞地卒於襄陽。

死之日，家無餘財，群妓合金葬之於南門之外。每春月上塚，謂之「吊柳七」。（《方輿勝覽》）

當我離開白水的時候，一位滿頭白髮的老媽媽坐在屋簷下，望著我。有一股潮濕的感覺爬上心頭。

千年以前，這個遊子，念起他的白髮親娘，在生命的某一個瞬間，是否也曾回望？

據說，白水村依然有人姓柳，但已經沒有人聽說過柳永這個名字了。

採蓮

在武夷山裡，崇山峻嶺之中，有一個山環水繞的古鎮，名叫五夫。五夫之名，始於東晉。大約在東晉中期，有蔣氏者，官至五刑大夫，故有五夫之命名。從五夫命名開始，迄今已歷一千六百餘年。

在千年的滄桑歲月裡，這個小鎮，可謂人文匯萃。我們可以開出一個長長的名單：從東晉的蔣氏、五代的翁氏，到中唐的池氏，直到後來的宋、元、明、清，胡氏、劉氏、江氏、連氏等諸多中原望族相續遷入，詩書爭鳴。各家族均出過一品大員或封疆大吏，僅進士就有數十名，有「一門兩進士，五里三狀元」之美譽。至於文人異士更是不勝枚舉了，在兩宋時期，僅五夫胡氏一家就先後有極具影響的五賢十大儒，如胡安國、胡寅、胡憲等人。還有婉約派詞宗，被稱為北宋第一詞人的柳永，及其家族的「柳氏三傑」。抗金名將劉韐、劉子羽和理學家劉子翠等等。理學宗師朱熹在五夫苦讀成名，在胡氏諸夫子身上受益匪淺，後繼續在此著書立說達四十餘年，留下了紫陽樓遺址、屏山書院遺址和五夫社倉等珍貴文物。

劉氏家祠

興賢書院

在一個夏天的早晨，我們到五夫採蓮。在我少年的印象裡，五夫就是古老的街巷與遍野的田田。讀中學的時候，曾經到過一個同學家採蓮，那時的蓮田水很多的，我們兩個女孩坐在一個大木盆裡，笑著，向藕花深處划去，彷彿也是那《採蓮曲》中的女子了。

荷葉羅裙一色裁，芙蓉向臉兩邊開。亂入池中看不見，聞歌始覺有人來。

十里蓮塘，荷花盛開，菱歌四起。採蓮的女孩，如美麗的荷花仙子，在豔豔的荷花叢中，若隱若現，讓人聞歌神馳，久久不能釋懷……

但今天，滿眼的荷花在夏天的風裡輕輕搖擺，讓人心生喜

悅、愛憐，竟讓我不忍摘下它們中的任何一朵了。

最高興的是葉茗了，小蜜蜂一般在荷田邊撒歡，將採下的蓮蓬、花朵、荷葉堆到我懷裡，「姑姑，幫我拿好了！」

原來採蓮，也需要少年情懷啊。

再歡樂的場景，隔著二十年的時光往回望，也不免有幾分惆悵了。

小鎮的街道，依然那麼古老。鵝卵石鋪就的小街邊、屋簷下，老人和孩子們都在忙著剝蓮蓬。偶爾抬起頭，對我們點頭微笑，遞一個蓮蓬過來，讓我們嚐嚐鮮。新鮮的蓮子吃起來有點像生花生，有一股清甜的味道。

老房子一座連著一座，好像我們一不小心，就會和某個古人撞個滿懷。

街

荷葉田田

我在紫陽書院的遺址旁徘徊，裡面就是朱熹紀念館，一個朱家的後人住在那裡，在館中遍植蘭花。

這就是朱熹和武夷山的淵源啊，他成長於五夫、受業於五夫、成家於五夫，最後也講學授徒於五夫，用他自己的話說就是「琴書四十載，幾做山中客」了。朱熹這個人，的確堪稱聖人。他少年時就有不凡的抱負，喜歡孟子「聖人與我同類」的格言，相信人人皆可成為堯舜。循著這樣的抱負，終於成為後期儒學的集大成者。欽佩他對學術的執著和勇氣，即使在被當權者斥為「偽學」、性命皆堪憂的境地中，他依然堅持自己的學說，在自己的書院中「日與諸生講學不休」，臨終前，儘管眼睛幾乎全瞎，但還念念不忘修編自己的著作。

武夷山應該是令他忘情的地方，據說他常常與友人、學生暢遊林下。他曾寫過一首《九曲棹歌》：

武夷山上有仙靈，山下寒流曲曲清。欲識個中奇絕處，棹歌閒聽兩三聲。

一曲溪邊上釣船，幔亭峰影蘸晴川。虹橋一斷無消息，萬壑千岩鎖翠煙。

二曲亭亭玉女峰，插花臨水為誰容。道人不作陽臺夢，興入前山翠幾重。
三曲君看駕壑船，不知停棹幾何年。桑田海水兮如許，泡沫風燈敢自憐。
四曲東西兩石岩，岩花垂露碧監毿。金雞叫罷無人見，月滿空山水滿潭。
五曲山高雲氣深，長時煙雨暗平林。林間有客無人識，矣乃聲中萬古心。
六曲蒼屏繞碧灣，茆茨終日掩柴關。客來倚棹岩花落，猿鳥不驚春意閒。
七曲移舟上碧灘，隱屏仙掌更回看。卻憐昨夜峰頭雨，添得飛泉幾道寒。
八曲風煙勢欲開，鼓樓岩下水縈回。莫言此地無佳景，自是遊人不上來。
九曲將窮眼豁然，桑麻雨露見平川。漁郎更覓桃源路，除是人間別有天。

這是寫給舟子和漁夫唱的歌，不是懂得和愛戀武夷山水的人，描摹不了這樣的仙境。

我在據說是朱熹手植的那兩棵大樟樹下發呆，眼前就是那「半畝方塘」，可惜如今池中已經沒有水了，那一片天光和雲影也再無從尋覓了。

夏天的風在田野上遊蕩，送來遠處荷花的淡淡幽香。

突然莫名地想像，想像著自己在這紫陽的流風裡，在月的光華下，靜對一池荷花。

蓮開倩影

不知為什麼，喜歡在一些美麗的角落遊蕩。角落裡的美，往往美到難以言說。蓮花峰可能也算這樣一個角落吧。

蓮花峰，武夷三十六峰之一，位於景區西北部，相傳是唐代高僧扣冰古佛的修行之所。

扣冰古佛，俗姓翁名乾度，法號藻光，武夷山吳屯水東村人，唐代河西節度使翁承欽之子，幼具佛性，十三歲出家，歷盡艱辛，致力於佛法研究，是我國古代參悟到禪學真諦的大師之一，是武夷山籍人修成正果加入佛籍的高僧。

據說義存曾問扣冰：「怎樣是佛？」他答道：「秋空一輪月，霜夜五更鐘。」他還曾寫下「洗皮不洗骨，浴垢不浴佛，刮磨西來意，悟者真心出」的詩句。是說眾生修行只有心練，練出「空寂之心」，才能成為悟者。而佛，像寒秋的明月，是霜夜苦修出來的。他對僧眾說：「古聖修行，須憑苦節。吾今夏則衣褚，冬則浴冰。」從此，他言傳身教，扣冰而浴，後人就稱他為扣冰古佛。

我們去的時節，正值山腳下的蓮花盛開。沿著蓮田裡的小徑，我們走近山門。

抬頭遠望，見東南方一巨大石壁聳峙峭峻，那就是白岩。白岩是武夷山發現古代閩越族人墓葬——懸棺最多的地方。據說岩的西壁有三處洞穴，一處洞內深藏船棺一具，另兩處各藏圓木棺和陶罐，民間俗稱『金豬欄』，現仍保存完好。岩壁上鐫刻了「白岩仙舟」四個大字，據說是集朱熹墨寶而成。

蓮花峰山門

仔細想想，這「白岩仙舟」四字，實在是意蘊深深。「白岩」是說岩白如雪，「仙舟」是指峭壁上的船棺。其二，白岩上方，是蓮花峰，「蓮峰迭翠」與白岩相接，這些蓮花豈不就是白岩高空中的蓮花？而蓮花峰頂的妙蓮寺豈不就成了天上的蓮界嗎？白岩深處是蓮界佛國，而道教的「仙舟」卻飄向佛國！這四字又出自大儒朱子之手，這儒、道、佛三家豈不是在此處融合歸一了嗎？

沿著山間的小徑，我們向這佛國的仙境行去。一路上，古木蒼蒼，青竹含翠。

走著走著，突然發現山麓右側，一個扁長石窟之內，橫躺著一塊人形大石，那樣端莊慈祥，分明是一尊觀音菩薩的天然臥像啊。

終於來到了妙蓮寺舊山門。進入山門，石門兩側聳著兩座高約十米的圓形小山岩，宛如兩朵巨大的蓮花。庭後，豎著一面石碑，上刻《武夷山蓮花峰記》，是寫得非常好的一篇小文，當為今人所作。遊蹤至此，也能粗粗領略到「流連異水奇峰，置身古佛洞天，欲尋訪百千年以往扣冰和尚所垂示之奇佳佛緣」的境地了。

在妙蓮古寺前庭舊址的石階上側，有一石壁，壁上刻著「色即是空，空即是色」。這就是著名的「色空石罅」。壁下的石罅中塑著八個小泥人，是描述扣冰和尚的故事。相傳，扣冰和尚在山北桃源洞修行時，不願讓僧眾勞役，就用山土塑出八尊小泥人，替代僧眾洗衣、燒飯、挑水、種菜，讓眾僧傾注全力修行佛法。即使是小泥人，古佛扣冰也慈悲為懷，酷熱時，古佛就驅動彩雲為小泥人遮蔭；下雨時，古佛就拂去雲雨不讓小泥人挨淋。

我站在壁前發呆，這石罅是石門，那色空石罅豈不就是「空門」？

正胡思亂想間，大家催我快走。再往前，就是懸空的木棧道啦。站在棧道頂端，只見兩側群峰壁立，峰峰含翠，有薄霧和輕風自腳底升起，我不知道這是否就是飄飄欲仙的感覺，但終於有點明白為什麼那些修行的高人活著要住在這裡，就算死了，也要把骨骸放在崖壁裡，因為他們一定覺得這樣的地方離天很近吧。

終於來到了峰頂，峰頂有寺名曰妙蓮。寶殿構建巧妙，傍崖而建，仿宋式的亭臺殿閣依山造勢，錯落有致。大雄寶殿、扣冰殿、觀音殿都建在天然石窟之中，從低到高，自然天成。各殿的神佛塑像，體態手韻雍容大度，是明顯的唐代風格。建築群的臺閣簷底雕樑，一律刻飾著蓮花造型。

石壁中的妙蓮寺，翠竹掩映的妙蓮寺，有清風明月作伴的妙蓮寺，真的成了一朵翠峰擁簇的妙蓮了。

一陣風過，山門上的風鈴在輕響，聲聲都落在心房。

我的心，也彷彿開在蓮花靜穆的深處了。

短短的一生裡，與山水相對，與佛相對，怦然心動——哪怕只有一刻，這一刻，也會令你安靜很久了。

下山了，在離半山亭不遠的地方，向峽谷中望去，一塊巨石，和顏悅色地端坐在那裡，這就是傳說中的扣冰古佛的佛影了。

感覺很安詳。

回到山腳的山門，重讀坊上文字，橫額「蓮峰迭翠」，左右方柱上對聯是：「蓮開倩影，無邊山色純猶媚；峰寓柔情，有趣溪聲翠欲回。」這「倩影」是山？是佛？這「柔情」是山色的嫵媚？亦或是佛祖的恩澤？這「回」，是依戀難捨的回眸？還是跳出苦海的回頭是岸？

啊，我想念遇林亭了，就在不遠的地方，它在召喚我，召喚我去與那裡的山、水、瀑布、茶——

再赴一場千年的約會。

空山新雨後

酷夏，武夷山也一樣暑熱難當。立過秋了，終於來了一場颱風，酣暢淋漓地下了幾場透雨。

雨後的一天，我又一次來到蓮花峰下的白岩村。來這個村莊的路，走過多少次也不會厭倦。安靜的山北、寂寞的山北，美到難以言說的山北啊。

無所不在的綠色，層層疊疊的綠色，深深淺淺的綠色，沿著稻田、小溪、村莊、樹木、竹林、山谷，一路逶迤，翠色欲流。如果只是綠，那倒也不新奇，妙在那些點綴其間的荷塘，粉紅粉白的荷花正立在風中，輕輕搖擺。

一條路劃開這片綠色，路邊開滿了金黃的小野花。因為這點豔麗的金黃，那些綠色和粉紅，在藍天白雲下，反倒格外地鮮活生動起來。不時地，有幾隻白色的水鳥飛起，慢悠悠的在空中劃一道優美的弧線，然後又無聲無息地落入荷花叢中。

而我喜歡的蓮花峰，像一朵真正的蓮花，氤氳在一片水氣裡，盛開在這美景的深處。

第一次站在白岩村這個位置看蓮花峰，蓮花峰真的就坐在這巨大的白岩之上。遠遠地，可以清晰地看見岩壁上「白岩仙舟」幾個大字。峰頂的索道、崖寺隱約可見。我們在村民家喝茶，水是用竹筒從山上直接引下來的，抬頭可見仙氣冉冉的蓮花峰。突然就有點走神，想著月光下的蓮花峰該是什麼樣子的，於是乎對這鄉民生出了幾分豔羨。

吃過午飯，稍事休息了一下，我們開始登山。雨後的山裡，就我們幾個人。對旅遊業者而言，這裡沒有什麼商業價值，旅遊團是不會往這兒帶的。我想這樣也好，可能反倒成全了這裡。倘若遊人如織，會是什麼樣子？

兩年沒來，林木愈發繁茂，山谷愈發幽深了。到處都是水，樹梢上、草葉上、岩壁上，滴滴答答地往下淌，許多地方積水漫過石階、漫過我們的腳面，涼涼的，很舒服。

蓮花峰妙蓮寺

嘩嘩嘩，滿耳都是水聲，彷彿到處都是瀑布，我們卻看不見瀑布在哪。

氣喘吁吁地上了山頂，在妙蓮寺的山門邊，重讀了石壁上的《武夷蓮花峰記》：

> 蓮花峰者以主峰酷肖蓮花而獲名也，嘗入武夷九十九岩之列。其峰也竹木蒼蒼，寒泉幽幽，終歲雲氣繚繞，四時嵐氣襲人，循山行至峰半，一狹長石隙突兀橫生，妙蓮古寺嵌建隙中，上迫危岩峭石，下臨絕壁深淵，遠眺宛若空中寶剎，亙古稱為奇觀。鄉民相傳辟支古佛曾修練於此，惠福眾生，今名山依舊，盛跡依稀，吾人拾階登臨，留連異水奇峰，置身古佛洞天，欲尋訪千百年以往扣冰和尚所垂示之奇佳佛緣，亦將樂而忘返乎。

妙蓮寺邊，石壁下有間翠竹環繞的小屋子。坐在屋裡，極目遠眺，山風吹來，感覺陣陣清涼。

發現竹桌上有茶、茶具、電水壺，不禁欣喜過望。我們都又累又渴了。門外石壁上山泉淙淙，接一點來用就好。

坐著等水開的時候，突然後山的禪房裡跑過來一條大黃狗，黃狗跑到我們身邊聞來聞去，我對牠說好了好了，你也想喝茶麼？

水開了，洗杯、泡茶，水沖下去，茶香出乎我的意料，真正的岩韻啊。是誰放在這的茶呢？我們猜，要不是妙蓮寺的尼姑，要麼是進香的香客。正品著，一個小姑娘跑過來，叫著：「緣來！緣來！你快回來！」我笑著問大黃狗：「原來你叫緣來啊！」

緣來，緣來，是啊，不論是誰放在這的茶，今日，在這雨後的空山，在山風翠竹的環抱裡，一杯茶來到幾位陌生人的唇邊，難道不是緣來？不是生命中難得的一朝一會？

喝過茶，我清理了茶具，往旁邊的功德箱裡投了些錢。緣來在邊上安靜地看著。下山了，緣來跟著我們，送了一程又一程，我們趕牠，叫牠別送了，牠只是不肯，送我們一直到山腳。

山門上的對聯是我喜歡的，橫額「蓮峰迭翠」，左右方柱上對聯是：「蓮開倩影，無邊山色純猶媚；峰寓柔情，有趣溪聲翠欲回。」純猶媚的山色，令人沉醉啊。

山腳下，在我眼前，世間的蓮花開到正濃。

轉回頭，又望見那大大的「白岩仙舟」四個字。那仙舟剛剛渡我，遊歷了仙界的白蓮。

蓮界在上，人必須苦苦泅渡。

卻註定終身無法抵達。

覓渡

在我的印象裡，閩北的小城都很美。

因為有水的緣故，每一座小城都是滋潤、安靜、靈秀的。武夷山更是如此，崇陽溪從一片青山裡款款而來，靜靜地從我家老屋的門前流過。

在我小時候，門前到河邊這些地方，是池塘和水田。推開大門，遠處的青山如黛，眼前的崇陽溪清清亮亮、波瀾不驚，河的對岸，就是縣城最熱鬧的一條街了。

從我家這邊看過去，那也不過是河邊密密麻麻的一排吊腳樓。煙雨濛濛的春天，襯著溪邊的一排垂柳，就是一幅清淡的水墨畫了。

門前有一條小路，從稻田裡穿過，通往河邊的渡口。

其實也有橋，但我們城東這一帶的住戶，如果不騎自行車，要到對岸上學、上班、辦事、逛街，都喜歡過渡。

渡口在幾棵百年的大樟樹下，樟樹是香的，一年四季都有好聞的香味。

撐船的是一個老人，他無兒無女，渡船就是他的家。船尾的那部分，用油氈圍了起來，就是老人睡覺的地方了。做飯的是一個泥爐，就放在船艙門口。吃的東西總是很簡單，不是稀飯就是麵條。

擺渡的時間是不固定的，只要有人，就得走。老人的身體還是硬朗的，一甩手，竹蒿深深插進河底，用力一撐，船就離岸了。

老人很沉默，幾乎不說話。但他認得我們城東所有的孩子，從不向我們要五分錢的過渡費，有時我

武夷之水

們搶著要幫他撐船，他也從不阻止。直到我們撐不動，船快在河裡打轉了，他才拿過竹蒿，像趕鴨子似的：小孩子，去，去！

已經過去多少年了，渡船早就沒了，那老人應該早也不在了啊。

今年夏天，一個傍晚，我帶由由去河邊玩，就在那個渡口，香樟木暗香依舊。不遠處的沙洲裡，那座百年的廊橋靜默在夕陽金色的餘暉裡，溪水還是清澈的，幾個女人在渡口的石板上洗衣，幾個孩子在戲水，惹得由由躍躍欲試。

有多久沒有在溪水裡洗衣了？

一直認為把衣服放在溪水裡洗，是對衣服的最高禮遇。當年，我也常常在這裡洗衣啊。把要洗的衣服裝在籃子裡，帶一根棒槌、一塊肥皂就夠了。把衣服塗上肥皂，如果很髒的話，就用棒槌打打，通常是洗被單床單的時候才需要。然後「嘩」的一下，把整條的床單甩開，拋進水裡，床單上的花花草草，也是朵朵搖曳的水中花了。不過不要過分留戀這好看的花草哦，一不留神，床單就晃晃悠悠，順著水漂走了。

長大以後，讀到「長安一片月，萬戶擣衣聲」這一句的時候，我就會想起故鄉的崇陽溪，溪水裡的小魚、水草，還有那綿綿不絕的擣衣聲。千古不絕的擣衣聲，女人不變的情懷。世事難料，女人總禁不起命運的風吹雨打——「可憐無定河邊骨，猶是春閨夢裡人」啊。

武夷有水，渡，便無處不在。

幾年前的深秋，與朋友重遊九曲溪。深秋時節，洗卻了浮躁與喧囂的武夷，處處都有惠崇的小景畫意——處處江邊葦岸、寒汀遠渚。

足夠我們所有人把內心的波瀾，融入到一片寧定。

山睡了，水卻醒著，我們乘一葉綠色的扁舟滑入一個夢境。偶爾，竹蒿擊打石頭的聲響，驚起灘灘鷗鷺。漣漪起來了，又歸於平靜。

九曲之行，結束於碧波蕩漾處。

轉回頭，遙看煙水蒼茫，

覓渡、覓渡——已不見來時路。

星月上・水雲間

有人說我：「這麼愛武夷山有什麼用？再說了，武夷山也不是你的。」是的，武夷山不是我的，但也是我的。在走了很長很長的路之後，想要回頭的時候，那裡永遠是一個青山綠水的故園，在等待如我的歸人。

有時候很羨慕古人，他們物質不豐，卻能在精神的某些方面達到極致。最近在翻看關於武夷山的一些閒書，讀到明人鍾惺夜宿山中的事，真真豔羨得緊。

說鍾惺和朋友同遊武夷山，山中兩日，都選在山頂上過夜，一夜在天遊，一夜在虎嘯。

天遊夜宿，他與朋友一起，坐在亭中待月。當大大白白的月亮升起來的時候，「奇光披形神，所照皆如浣」——煙雲出岫，山水竹樹都化入一片虛白。到了更深夜靜之時，突然，「笛聲起一隅，千山萬山滿」，此情此景，怎不叫人塵念俱銷。

第二天，他們夜入虎嘯岩投宿，「若比天遊宿，高深漸不同」。虎嘯岩的僧舍，綴於半壁，上覆危崖，下臨絕壁，澗水環繞。

天游雲海

是夜月光如水，身處屋內，抬頭可窺星月，傾耳可聞水聲，真可謂「置身星月上，魂水雲間」。如此看山看水，方得山水之精粹啊。

天遊峰與虎嘯岩，爬的次數也不算少。今年夏天，在驕陽下遊九曲溪的時候，竹筏路過天遊，看見數不清的遊客正蟻行在天遊峰的石徑上，烈日當空，這樣的旅行，怎一個「苦」字了得。不禁暗自搖頭。

最近一次上虎嘯岩，是七八年前了吧，陪小麗他們一家去的，只記得下山的那段險徑，幾乎是從岩壁上垂直著下來，一面是石壁，一面是萬丈深淵啊，顧不得那麼多，手腳並用地下來的。

讀了鍾惺的文字，真的就想，什麼時候呢，找一個有月亮的晚上，也去體驗一下置身星月上、水雲間

的山中幽趣呀？

對了，虎嘯岩上有水名曰「語兒泉」，據說在有月亮的夜晚，泉聲咿呀，如童語呢喃。沒有聽過，不知是不是真的。有前人說那泉水質清冽，是岩茶的絕配。沒嚐過，也不知是不是真的。

不過，這些都是想想而已，說出來，別人一定認為你瘋了。是啊，我們畢竟不是幾百年前的古人，真的在月夜待在山中的崖寺裡，會害怕的，月亮也一定沒有想像中的美，我知道原因的——心不靜呀。

澗底流香花滿樹

如果你喜歡茶，那麼，到了武夷山，應該會去山水間尋訪一下那幾棵傳說中的大紅袍母樹。當然，常常也聽人抱怨：「有什麼好看的呀？一棵茶樹，害我走那麼遠的路！」說這話的人可能太注重結果，其實很多事，我覺得過程往往比結果有趣。

找一個深秋時節，山和水都特別安靜的時候，而你，也一樣不急不躁，就可以出發了。從山北的一條峽谷，逶迤前行，漸行漸遠，走向山水更深處。

不知不覺，你聽到了水聲，抬眼一望，你進入了一處幽奇之境。站在峽口望去，紅色的丹崖壁立兩廂，崖上雜花生樹。進入谷中，只見茶樹蒙茸，山石玲瓏，一帶清流，自花木深處瀉於石隙中，活潑潑地向前奔流。山澗的兩旁，野草叢生，夾雜著一叢叢的蘭草、山蕙、石蒲，一路走來，縷縷幽香，撲鼻而來。

慧苑寺

前人的遊山筆記中曾這樣描繪：「澗為群峰所夾，廣可十笏，長千之。芳蘭間發，麋鹿同途。水有斷澗之聲，鑿無漏雲之隙。行此者，彷彿天門設於平地。」而這個地方，亦為我所愛，是為流香澗。

沿澗而行，進入了一個危崖交錯的岩峽，坐於峽中，只見一處幽微的天光自崖頂撒下。山澗突然安靜下來，化為一泓碧潭，水清沙白，潭中小魚歷歷可數。置

身其中，自覺涼風習習，寒氣襲人，塵意頓消，此為清涼峽。

還沒等你從這曲折幽深中回過神來，穿過一片竹林，流香澗跌進了另一條山澗，你的眼前豁然開朗，前面是一座小小的石橋，橋的那一邊，綠蔭深處，慧苑寺的粉牆黛瓦在花木的掩映中令你驚豔。

澗邊有竹亭一座，你可以坐下歇歇腳。煮一壺山中的清泉，捧一只青花白瓷杯，琥珀色的茶煙裡，流動著滿澗蘭花的馨香。此刻，茶會對水說：原來我們都只為彼此而活。

眼前就是茶樹的王國，而傳說中的大紅袍，已在不遠的遠處。

披一件雲的衣裳

終於，我們來到了大紅袍的家——九龍窠。

「窠」這個字很有意思，在我們山區，有很多帶這個字的地名。其實，「窠」就是鳥獸的家，想想，茶都長在「竹窠」、「九龍窠」、「燕子窠」，倒也貼切得很。

一如既往的幽邃。九座石骨嶙峋的岩峰，盤繞在峽谷兩旁，品種不同，形態各異的茶樹，叢叢簇簇，把所有的岩壑裝扮起來，山風過處，帶來淡淡的幽香。

明人張于壘的《武夷雜記》裡有這樣一段：

山皆純石，不宜禾黍；遇有寸膚，則種茶莽。村落上下，隱見無間，從高望之，如點綠苔；冷風所至，嫩香撲鼻，不獨足供飲啖，為山靈一種清供也。

說的就是茶與武夷山水的完美融合。

還有水，無處不在的水，點點滴滴，哺育著這些無處不在的仙山靈芽。

按《武夷山歷代茶名考》的記載，大紅袍這

山中茶園

一名叢，始見於清代，早年屬於天心永樂禪寺所有。關於它的傳說很多，最廣為人知的版本就是從前有個秀才在進京趕考的路上病倒在天心廟，寺裡的和尚採摘了這棵茶樹的葉子熬成汁為秀才醫治，再後來，秀才考取了狀元衣錦還鄉，為了答謝茶樹的救命之恩，將狀元紅袍為茶樹披掛上。

其實，這一大名鼎鼎的名叢，只是幾株平平常常的茶樹。生長的地方，在九龍窠深處一個砌在峭壁上的小石座裡。

關於她名字的來歷，傳說當然是不可信的，早年請教過我爺爺，他說大紅袍應該得名於這幾棵茶樹的幼芽——早春時節，葉芽勃發之際，滿樹豔紅！

茶樹的年齡是有限的，做為一棵茶，大紅袍已經很老很老了。這幾棵茶，每年的產量不足一斤，從前一直做為貢品，就是現在，也是由專門的人負責管理、製作，只有來訪的領導人才有幸品嚐的哦，很多做了一輩子茶的人都是無緣嚐到的。

我當然不是領導人，但也是喝過大紅袍的。

那是很久很久以前，我爺爺還在的時候，那時的大紅袍還沒這麼出名，有一年，過年的時候，爺爺一高興，給家人泡了一泡，那時啥也不懂，只感覺很香，爺爺卻搖搖頭，說了一句：「太老啦，其實不如北斗。」我知道，北斗是另一個名叢的名字。

前些年，每年春天，製作那幾棵大紅袍的人是我老爸。當然只能做，絕對不可以拿的。唯一的一次，老爸拿回了一撮他們品過幾泡的茶渣，還寶貝似的泡給我們嚐。雖然是茶渣，但還是感覺很鮮活。

想想，論年紀，大紅袍該是百歲的老太太啦，有幾個百歲老太太還能保有小姑娘的那份鮮活與靈動？念及此，也不禁對眼前的這盞茶渣肅然起敬起來。

爸爸說，大紅袍已經好幾年沒有採摘了，沒有採，但要施肥，施什麼肥，是祕密，不能說。

每次來九龍窠，我會在半山的那座竹亭裡小憩片刻，呆呆的，什麼也不想。看看半壁上的那幾棵茶，似乎也如我，呆呆的。

想起以前我為大紅袍寫過的一段獨白，不知稱她意否？一笑。

當我還是一粒種子，大山對我敞開她溫柔的懷抱。在那些崎嶇的岩壁和石隙間，我無憂無慮，喝著山泉的乳汁，聞著野花的氣息，每天和白雲姐姐追逐打鬧，而在山崖的那邊，陽光正脈脈的注視著我們，而後悄然離去。

後來，人們驚我為神品，說什麼「臻山川靈氣之所鍾，品具岩骨花香之韻」，唉，其實我只是山中平凡的一棵樹。

許多年過去了，人們為我披上顯赫的紅袍，其實他們哪裡知道，我想要的，只是一件雲的衣裳。

煮泉

有一天，去同安的陳同學家。同學很高興，給我們泡了茶。嚐了一口，我抱怨說：「什麼茶呀？這麼難喝！」「哈哈，還難喝？你自己的茶呀！」研究了半天，我們一致認定是水的問題，當然，泡茶的技藝也是有不同的，陳同學有點忿忿不平地說：「蔥頭呀，一樣的茶，為啥你泡起來就好喝很多呢？真是的！」

扯遠了，還是回來說水的事吧。

有人說了：「茶性必發於水，八分之茶，遇十分之水，茶亦十分矣；八分之水，試十分之茶，茶只八分耳。」——實在是精闢啊。

泡茶與水質是有很大關係的，陸羽在《茶經》中就認為泡茶時以山溪泉水為上，河中之水為中，井中之水為下。古人泡茶很講究用水，明代許次在《茶疏》中說：「精茗蘊香，借水而發，無水不可與論茶也。」

上天早就安排好的，武夷山有好茶，自然就有好水。武夷山得造化之工，到處是溪流飛瀑、岩泉不絕，處處都能找到適於泡茶之水。

明代有一個叫吳拭的人，在武夷山中隱居多年，他很愛武夷山，也很愛茶，寫過《武夷雜記》，對山中的泉水一一做了評點：「泉出南山者皆潔洌味短，隨啜隨

山泉

盡，獨虎嘯岩語兒泉濃若停膏，瀉杯中鑑毛髮，味甘而博，啜之有軟順意。次則天柱三敲泉，而茶園喊泉又可以伯仲矣，餘無可述，聖水泉定是末腳。」「北山泉味迥別，蓋兩山形似而脈不同也。余攜茶具共訪，得三十九處。其最下者亦無硬冽氣質。小桃源一泉高地尺許，汲不可竭，謂之高泉，純遠而逸，致韻雙發，愈啜愈入，愈想愈深，不可以味名也。次則接筍之仙掌露，而仙掌碧高泉黛碧雖處亞，猶不居語兒泉之下。譬之茶高泉介也，仙掌虎丘也，語兒則松蘿帶脂粉氣矣。又次則碧宵洞丹泉元都觀寒岩泉，較之仙掌猶碧與黛耳。九星泉帶陰濕氣，雪花泉多沙石氣……」

帶著茶具到山中訪泉?真是癡人。不過，人不癡亦無趣啊。

有了好水還需會煮。煮水最好用砂壺或銅壺，並用爐子和硬木炭。這樣煮出的水才沒有雜味。連橫先生說：「掃葉烹茶，詩中雅趣。若果以此瀹茗，啜之欲嘔，蓋煮茗最忌煙，故必用炭。而臺以相思炭為佳，炎而不爆，熱而耐久。如以電火、煤氣煮之，雖較易熟，終失泉味。東坡詩曰：『蟹眼已過魚眼生，颼颼欲作松風鳴。』此真能得煮泉之法。故欲學品茗，先學煮泉。」

我曾經提著空瓶子，和老爸一起，去山中尋找傳說中的一眼泉水，曲曲折折之後，我們終於找到了。喜孜孜地看著一脈清泉匯入瓶中，那歡喜，也彷彿是尋到了一座寶藏一般。

很喜歡蘇軾那一句「人間有味是清歡」，走一段長長的山路，只為尋一掬山泉，這樣簡單的快樂，算不算一種「清歡」？

牛肉

如果我告訴你：「牛肉」是一種茶葉的名字，你會不會覺得好笑？先別笑，是真的，雖然牛肉和茶葉看似風馬牛不相及，但有時候也可以是一個東西哦。

在武夷山，做茶的人把牛欄坑肉桂簡稱為「牛肉」。

說來話長，武夷山的茶不是叫岩茶麼，所謂岩茶，顧名思義，就是長在山間，生在石頭上的茶。武夷山岩岩有茶，非岩不茶，岩上的茶才是正宗的岩茶。茶樹長在那些地方，才有特殊的岩韻，一樣的茶樹長在其他的地方，那滋味可能是失之毫釐謬以千里。

最正宗的岩茶產地就在「三坑兩澗」，就是那些谷深林密、溪流瀑飛的所在。牛欄坑就是其中的一處。為什麼叫牛欄坑？沒考據過，也許過去山民愛到那去放牛？想想似乎也不太可能，反正它從來就叫這個名字。

以前經常去牛欄坑，爬山，聽泉，看茶樹。

有一次，老爸神神祕祕地對我說：「我發現了一棵名叢的母樹，在牛欄坑，你去不去看？」「去啊！」

我開著車半小時就到了，把車停在通往天心廟的路邊，眼前這一條山谷，就是牛欄坑了。冬天的陽光暖暖的，一條清亮的小溪從谷中的茶叢間穿流而下，叮咚作響。

沿著溪慢慢往高處走，藍天白雲之下，滿眼茂林修竹，茶樹呢，懶懶散散的，東一叢西一簇的，遠望如綠苔點點，夾著片片桃紅。桃花這麼早就開了，和茶樹長在一起，將來結出的桃子是有茶香的，而茶呢，也是有蜜桃味的——岩韻就是這麼來的。

走著走著，老爸指著路邊的一棵種在用石頭壘起來的盆子裡的茶樹激動地叫起來：「你看，就是那棵了！」我一看，不就是普通的一棵茶樹麼？憑什麼說她就是所有這些茶的老媽呢？

老爸叫我再看，草叢湮沒的石壁上，有清人的題刻：「不可思議。」哦，我想起史料記載的前人為了一棵茶樹打了幾十年官司的事，說當時的人有感於此，的確在那棵茶樹下題刻了這幾個字。老爸什麼時候也學會了考據？

拍了幾張照片，繼續向上爬。小路越發難走，衣角不時地被路邊的小灌木和茅草鉤住。我這才注意到，走了這麼久，我們一個人也沒見到。除了水聲，偶爾的幾句鳥鳴，就剩下我們自己說話的聲音了。

眼前突然開闊，我們走到了一個奇怪的地方：兩座山向中間包圍過來，人彷彿到了洞中，兩側的岩壁上依然是茶，山泉從壁頂滴下，聽得見滴答滴答的聲響。陽光不見了，從洞中望去，所有的茶樹都氤氳在一片藍色的煙嵐裡。

感覺好冷，我對老爸說：「別再走了，這地方太清冷了。」

父女倆當即折返，陽光下的感覺才好啊。

開車離開的時候，忍不住回頭望了望，也許這渺無人跡的峽谷，方是茶最好的歸

宿。

突然懂得，為什麼這個地方所產之茶是那樣的清而雅。

牛欄坑肉桂現在已不易得，當然我自己喝的還是有的。什麼時候喝，全憑心情，比如某天我在廚房炒一盤牛肉，炒著炒著就笑了，決定等會兒就泡一杯「牛肉」——多好，凡俗的牛肉一點也不凡俗——可以物質，也可以精神的。

竹窠水仙

老爸來看我，給我帶了些茶來，其中就有竹窠產的水仙。

武夷岩茶最講究原產地了，只有三坑兩澗一帶的茶，才有最純正的岩韻。每一種品種的茶，也有最出名的產地，比如肉桂是牛欄坑的最好，而最好的水仙，產自竹窠。

好像武夷山產茶的地方，那地名裡，都喜歡帶個「窠」

長滿苔蘚的茶樹

字，比如大紅袍的產地就叫九龍窠，比如正岩水仙的產地竹窠。要不就叫「洞」，比如水簾洞，比如鬼洞、上鬼洞、下鬼洞。

「窠」到底是什麼？我查過字典，很簡單，窠，就是鳥獸住的窩。那竹窠裡住了些什麼呢？十多年以前，去過一次，陪一個境外電視臺的攝影記者去的。那是雨後，沿著九龍窠進去，大約走了一個多小時的山路，我們手腳並用，才登上了一個山頂。四周竹木蒼蒼，林泉幽幽。竹木之下，就是遍生的野生茶樹，雜以桃李花果蘭花紅葉。一陣陣薄霧自腳底生起，除了風輕輕掠過竹梢，我們聽不見任何聲音。一行人都有點驚呆了，只有老外發出：「Oh, my god!」的驚嘆。

從此以後，再沒去過，因為那裡不屬於任何人，那裡是鳥獸蟲魚還有茶樹的家。

拿了一點竹窠水仙來泡，開水沖下去，一股幽香彌漫開來。拿起蓋子聞一聞，還是有典型的粽葉香。出水嚐一口，輕輕啜一啜，滋味很醇，茶湯的滋味緊緊附著在嘴裡。

再沖一道，變了，似乎有股若有若無的蘭花香。好像也不是，比蘭花香要豐滿許多——苔蘚地衣竹子蜜桃薄霧的滋味呀……

快快喝下這一杯吧——那些溫暖陽光，那些明月山崗，山間的四季，草木的一生。

抬起頭，窗外，一隻小鳥掠過了天空。

粗服亂頭　不掩國色

有一天，我試了一泡野茶。

茶是老家帶來的，朋友送的。打開裝茶的袋子，聞一聞，沒有什麼特別。倒了一些在盤子裡，一看，還真有點「野」味——粗枝大葉、淩亂、不勻整。我不奇怪，太齊整了，還叫野茶麼？

拿來一泡，開水沖下去，聞了一下，香氣有點令我驚豔。很尖銳，很刺激，不是單一的味道，——熟悉而陌生的感覺，有點像我喝過的奇蘭，又不完全像。

想起朋友對我說過的關於這些野茶的事。所謂野茶，其實就是野生狀態下的奇種。這些野茶的老家在嶺陽關，閩贛交界的那些地方，那裡空氣溫潤，雨水充足，陽光燦爛，非常適合茶葉的生長，很多茶樹零零散散地分佈著。野茶自生自滅，無人管理，長期在野外靠昆蟲授粉，結出茶籽，繁育後代，因此性狀複雜，所以喝起來味道特別。

記得朋友說其他倒不見得，野茶難得，難在兩處，一是難採，因為分佈得太零散；二是難做，因為成分太複雜。

所以，能喝到野茶是很不容易的。

又過了幾天，一天夜裡，隨手拿了本書來看。是《人間詞話》，為數不多的買過三次、從十八歲讀到四十歲的書。

翻了幾頁，在說骨秀神秀什麼的，突然就想起了李後主，想起「粗服亂頭不掩國色」的話，是說他的詞，那樣天然本色。

說茶不也可以麼？我想到了那些野茶——一樣的，粗服亂頭不掩國色呀，如《邊城》中翠翠那樣

野生茶樹

的女子，徜徉山水，爛漫天真，在簡單中直達本質。

讀一首所謂「粗服亂頭」的詞吧：

林花謝了春紅，太匆匆！無奈朝來寒雨晚來風。胭脂淚，留人醉，幾時重，自是人生長恨水長東！

就當品了一回野茶的滋味……

光陰的故事

天氣好的日子，我是說，要那種陽光燦爛的日子，心情好的話，我會泡一杯那樣的茶——很老很老、很醇很醇的茶——來看。

是的，有些茶，除了可以拿來喝，也是可以用來看的。

茶湯裝在透明的茶海裡，要借一縷陽光過來才好，陽光裡的茶，就如一位舞者，翩翩地，開始升騰、迴旋。那嫋嫋升起的氣息，我喜歡叫它茶煙，我的眼睛和鼻子喜歡跟著它，遊來遊去。

顏色呢？是什麼顏色？顏色在我的語言之外。琥珀？亮黃？嫣紅？還是所有的這些都混在了一起？也是，也不是。你說，二十年的光陰，層層疊疊地，加在一起，該是什麼顏色呢？

想想，做這些茶的時候，該是二十多年前了。

武夷山時晴時雨的春天或者夏天，到處彌漫著做茶的味道。當然做茶彷彿從沒我的事，只是偶爾派我給哥哥跑跑腿送送飯什麼的。家裡的茶廠就在去蓮花峰的路上，在一個小小的山崗上，四周竹樹環繞。

有一天，看到大家都在忙，我豪氣萬丈地穿上雨衣，挎上竹筐，要跟女工們一起上山採茶。那些江西來的採茶女工看看我，哈哈大笑起來：「葉大小姐，妳就別添亂了，那哪是妳能幹的活啊？」是麼？我還偏要去！於是跟著她們去了。大約走了快一小時的山路，才到了茶園，天開始下起大雨，雨衣下的我冷得發抖，不一會，大太陽又出來了，那熱呀，像有無數的蟲子在身上爬來爬去。採了沒幾斤茶青，就感覺指甲要掐斷了。咦，腳下有什麼軟軟的會蠕動的東西？天哪，是蛇啊！這回是徹底嚇怕了，快跑

呀。下得山來，放下茶籃，肩上是紅紅的一條條血印。

我的採茶生涯就此結束了，我想我還是真的吃不了那樣的苦的。

不過，不採茶我還可以做茶嘛。當然也不是真做，基本上是胡鬧。搖搖青啊，觀察一下茶青的變化啊，撥撥焙茶的炭火什麼的。其實我最喜歡在陽光下晾青，茶青一盤一盤的裝在竹篩裡，做日光浴。沒有做過日光浴的茶一定是不好的。

很多年以後，有一天我問老爸為什麼好茶的湯色一定是清澈透亮的，老爸給了我一個非常詩意的回答：茶湯的顏色，就是陽光和炭火的顏色呀。所以，前期沒有燦爛的陽光，後期沒有細水長流的慢燉，哪來的茶香、哪來的茶色呢？

而那些茶，在經意與不經意之間，保留到了現在。而我，少年而中年，二十年，如白駒過隙。

今年，花了一個夏天的時間和爸爸一起重新整理那些茶。其實，她們並沒有死去，只是睡了，睡了很久很久，我們可以用火慢慢地把她們喚醒，最後，在燦爛的陽光下，用滾燙的水——讓她們一一復活。

那時候的陽光

這幾天很冷，我的辦公室是朝南的，陽光很燦爛。朝北的那幾間辦公室的同事都愛來我這間，擠在靠窗的沙發上邊曬太陽邊泡茶。

不知是誰感嘆：這樣曬太陽就像小時候一樣。

是啊，誰小時候沒有曬過太陽呢？

不過，小時候的陽光真是不一樣的，記得那時候的陽光是特別溫暖、特別透明、特別清澈的。我們這些小孩子最喜歡冷天了，冷天我們也可以玩出很多花樣，而且，天很冷的時候，我們就不用坐在小小的教室裡讀書了，老師會讓我們到教室外面曬太陽。

教室外面的那堵牆，陽光直直地照下來。也許是曬得有些熱了，身上有些癢，男孩子們把背靠在牆上蹭來蹭去，怎麼看都有點像豬欄裡蹭癢癢的豬。

我們女孩才不這樣，我們分成兩邊，靠在牆上往中間擠，看哪一邊先有人被擠出去，擠著，鬧著，身子也就暖和起來了。

擠累了，我們就到茶園裡玩，我們的學校就在茶園的中間。茶園地裡，仔細看，地

茶樹開的花

上有一個個螺螄殼大小的小土堆，我們折下一枝草莖，照順時針方向輕輕把土堆撥開，還要唱：「牛牛牛牛快出來，媽媽叫你打醬油！」過不了一會兒，就會有隻蟲子驚慌失措地跑出來。我們也不捉牠，只是開心大笑。

陽光下的茶園，茶花盛開。可能沒有多少人，注意過茶樹開的花。我說茶是世界上最樸素的植物，那茶樹的花當然也是世界上最樸素的花了。

冬天的茶樹，生命行將耗盡。開一樹花，是落幕之前最後的輝煌。星星點點的，茶樹花綻放在每一個枝頭。粉白粉綠的花瓣，簇擁著一簇金黃的花蕾——當時只道是尋常。

直到自己步入中年，一次遊蓮花峰時讀到山門前的那一句：「蓮開倩影，無邊山色純猶媚」，「純猶媚」——故園的一切美好，都可以概括成這兩個字。說「妖」而「媚」也就罷了，怎樣方是「純猶媚」？如果不懂，看一看冬日暖陽下的茶樹花吧。

我們像一群蜜蜂飛進了茶園，我們把茶樹的花一朵朵摘下，只為了吸一口花蜜的清甜。風輕雲淡，陽光碎金子般灑下來，照著茶樹，照著那麼多年以前的我們。

母本大紅袍……的渣

有一天，很熱。吃過晚飯，老爸很大聲地在客廳宣布：「不然我們來喝那泡母本大紅袍……」

啊，有這等好事？母本大紅袍，就是用那懸崖上的那幾棵大紅袍茶樹的葉子製成的呀，哪裡隨便喝得到？長這麼大，也不過就喝過區區兩次。還都是沾老爸的光，這幾年，母樹大紅袍都是由老爸親手做的。

「太好了！」我雀躍。

「哦，是母本大紅袍的茶渣。」老爸充滿歉意地說。

啊，茶渣？老爸啥時也學會忽悠人了？

不過，渣就渣唄，有母本大紅袍的渣喝喝也很幸福啦。

燒水、洗杯子，一陣忙碌之後大家坐定。老爸鄭重其事地從冰箱裡拿出一個密封的袋子，茶已經凍成冰塊了，先用開水洗了一遍，然後再次沖泡。大家輪番拿起杯蓋聞香，由由也激動得小狗般上竄下跳。不算剛才洗茶的那一遍，這是第三次沖泡。嚐一口，我的感覺還是純正的蘭花香，沒有傳說中的那麼香，不過上兩次喝是什麼味道，我也實在想不起來了。

「哈，母本大紅袍就這樣？」老哥有點不服氣了，「我拿兩泡茶出來讓你們看看什麼叫好茶！」

哇，還家庭鬥茶賽啊！

以前爺爺在的時候，是他們父子倆對爺爺不服氣，總覺得老人家感覺失靈，記得那時爺爺也不服他們啊。歷史重演，一笑。

老哥的茶，的確也好，聞得見山裡草木的氣息。不過我只聞了聞，沒喝。今晚，把味蕾留給大紅袍的渣吧。

果然，開始了，從咽喉到舌尖，清甜的回甘，綿綿不絕。再一看葉底，無比的柔軟和舒展，讓我莫名地想起楊麗萍跳孔雀舞時的身體。

茶王，也非浪得虛名，一定有她的非常之處，我確信。也許，就在今晚，我們也喝下了一棵茶一世的傳奇呢。

一個人的時光

不知是什麼原因，這個冬天，廈門的陽光一直很好，不淡不濃，恰恰好。下午，辦公室很安靜，該忙的事都已經忙好。有點無聊，決定泡杯茶。

找了點很久很久沒喝過的茶，隨便泡一下。這一泡不要緊，當我瞥了一眼那盞茶湯，我聽見自己在心底傻笑了兩下。

茶湯是對陽光和月光的記憶

陽光啊，陽光，我說過的，茶的生命裡，陽光和月光，都是緊緊要的，一個都不能少。我不知道眼前的茶來自哪裡，但她的生命裡一定陽光燦爛過的，所以才可以在多少年後的某個午後，讓另一縷陽光來喚醒她關於陽光的記憶。

時間變得懶懶的，陽光也漸次黯淡下去，那盞茶，也漸漸遲暮。

還好，在我看來，遲暮也未必就是一個悲劇的字眼。一盞遲暮的茶湯，如若清澈溫潤依舊，卻也可遇不可求啊。

茶之四境

颱風過後，打掃衛生的時候，在書架高高的位置，又看到了那套《武夷山志》。真是久違了，這是清代的一個地方小吏編寫的關於武夷山的書，文字清雅，是我很喜歡的。

撣撣灰塵，隨手翻開夾著紙條的一頁，裡面記載了一段論茶的文字：

「余（梁章鉅）嘗再遊武夷，信宿天遊觀中，每與靜參羽士夜談茶事。靜參謂茶名有四等，茶品有四等。……至茶品之四等，一曰香，花香小種皆有之，今之品茶者，以此為無上妙諦矣。不知等而上之，則曰清，香而不清尤凡品也。再等而上，則曰甘。香而不甘，則苦茗也。再等而上之，則曰活，甘而不活，亦不過好茶而已。活之一字，須從舌本辨之，微乎微乎！然亦必瀹以山中之水，方能悟此消息。」

這樣看來，我們所執迷的香，只不過是好茶的最低境界啊。從「香」至「活」，還有長長的路要走。要靠環境、靠好水、靠機緣、靠悟性——真是可遇不可求，正如王國維的所謂三境界：

「昨夜西風凋碧樹，獨上高樓，望盡天涯路。」

「衣帶漸寬終不悔，為伊消得人憔悴。」

「眾裡尋他千百度，驀然回首，那人正在燈火闌珊處。」

一茶一天堂

我們到遇林亭的時候，這裡安安靜靜，天空開始下起了小雨。

這是一個很奇怪的地方，很多年以前，我第一次來的時候，就彷彿是故地重遊，夢

裡來過了一般，讓我不由想起黃山谷和那碗芹菜麵的故事。

其實，在許多人眼裡，這不過是武夷山中一處尋常的所在，群山環抱中的一處廢窯址，有一條小溪、一處小小的瀑布、一架小水車在瀑布潭中的小亭邊不停地轉啊轉……

下雨了，哪都去不了了，不如就在這亭中歇歇腳喝杯茶吧。

「吱呀。」小亭邊仿古陶藝吧的門打開了，走出來一個清秀的小姑娘。

「小妹，能借妳的地方燒壺水嗎？」

「可以啊。」

於是，趕緊從水潭裡舀了一壺水去燒。

茶是我隨身帶的，杯和碗是向小姑娘借的。水一會兒就開了，我們開始泡茶。很快，一股暖暖的茶香開始在亭中遊走。

《梅花草堂筆談》中有這樣的話：「茶性必發於水，八分之茶，遇十分之水，茶亦十分矣：八分之水，試十分之茶，茶只八分耳。」我今日的茶只有八分，水卻是十分，所以茶亦十分了。

只有武夷山的水才是岩茶的絕配啊。

我們在微風細雨裡舉杯，誰都沒有說話。世界是這麼大，我們是這麼小，但此時眼前小小的茶盞彷彿就是我們每個人的天堂。

小亭之外，蓮花峰在遠遠的地方靜默著，雲霧和雨水茫茫一片。竹影朦朧，鳥啼陣陣，萬物在春雨中萌生，一種淡淡的喜悅湧上心頭。

應該帶一個建盞來這裡泡茶才好。也許我的那個建盞就是一千年以前在這個地方燒製的，誰知道呢？對，應該帶它回家的，帶它來尋找它自己。

就當這是個約定吧。

但願歲月靜好，山、水、茶、人可以慢慢變老。相聚了不傷別離，而別離星散之後，依然可以重聚。

遇林亭的瀑布、水車

國家圖書館出版品預行編目資料

名山靈芽 武夷岩茶／葉啓桐，葉懸冰著.
——第一版—— 臺北市：宇河文化 出版；
紅螞蟻圖書發行，2011.7
面　　公分——(茶風；28)
ISBN 978-957-659-850-0（平裝）

1.茶葉 2.製茶 3.茶藝

434.181　　100010961

茶風 28

名山靈芽 武夷岩茶

作　　者／葉啟桐、葉懸冰
美術構成／Chris' office
校　　對／鍾佳穎、周英嬌、葉啟桐、葉懸冰
發 行 人／賴秀珍
榮譽總監／張錦基
總 編 輯／何南輝
出　　版／宇河文化出版有限公司
發　　行／紅螞蟻圖書有限公司
地　　址／台北市內湖區舊宗路二段121巷28號4F
網　　站／www.e-redant.com
郵撥帳號／1604621-1　紅螞蟻圖書有限公司
電　　話／(02)2795-3656（代表號）
傳　　真／(02)2795-4100
登 記 證／局版北市業字第1446號
港澳總經銷／和平圖書有限公司
地　　址／香港柴灣嘉業街12號百樂門大廈17F
電　　話／(852)2804-6687
法律顧問／許晏賓律師
印 刷 廠／鴻運彩色印刷有限公司
出版日期／2011年 7 月　第一版第一刷

定價 250 元　港幣 83 元
敬請尊重智慧財產權，未經本社同意，請勿翻印，轉載或部分節錄。
如有破損或裝訂錯誤，請寄回本社更換。
ISBN 978-957-659-850-0　　Printed in Taiwan